景观植物在造园设计中的应用

胡守荣　　主编

東北林業大學出版社
·哈尔滨·

图书在版编目（CIP）数据

景观植物在造园设计中的应用 / 胡守荣主编. --2版. --哈尔滨：东北林业大学出版社，2016.7（2024.8重印）

ISBN 978-7-5674-0789-3

Ⅰ.①景… Ⅱ.①胡… Ⅲ.①园林植物-景观设计 Ⅳ.①TU986.2

中国版本图书馆 CIP 数据核字（2016）第 150514 号

责任编辑：戴 千

封面设计：彭 宇

出版发行：东北林业大学出版社（哈尔滨市香坊区哈平六道街 6 号 邮编：150040）

印　　装：三河市佳星印装有限公司

开　　本：787mm×960mm 1/16

印　　张：12.5

字　　数：213 千字

版　　次：2016 年 8 月第 2 版

印　　次：2024 年 8 月第 3 次印刷

定　　价：50.00 元

如发现印装质量问题，请与出版社联系调换。（电话：0451-82113296 82191620）

序

景观植物是绿化、美化城市，建设优美环境的主要材料。作者系统地撰写了《景观植物在造园设计中的应用》一书，为北方寒冷地区提供了实用的园林树种知识。每种均有形态描述，产地与分布、生态习性、绿化美化用途等方面的论述，其中绿地用途是作者从事园林设计工作多年经验的总结。

《景观植物在造园设计中的应用》中编写了 6 章 29 节，分别从造园设计原理、景观设计构成、园林设计分类中的景观植物特点、景观植物在造园中的常形式、造园风格等方面详细叙述了城市园林设计的要点。作者从事园林设计工作近三十年，先后完成了多项省、市重点园林绿化工程的设计和施工。2015 年代表哈尔滨市参加了中国・沈阳世界园艺博览会《哈尔滨展园》的设计、施工工作，做为技术负责人，在 2 400m^2 的场地上设计了具有哈市地域特色的俄式木屋、五色草立体花坛，种植了有代表性的植物花楸、丁香、白桦等，整体效果得到了学者与参观者的高度评价，获得了组委会颁发的综合奖、设计奖、植物材料等共计十一项金奖、二项银奖。

本书集理论与实践为一体，是一本内容丰富、实用性强的园林工具书。对城市园林绿化工作具有参考价值。

聂绍荃

2016 年 4 月

（聂绍荃：东北林业大学教授，博士生导师，资深植物学专家）

前　　言

景观植物（Landscape plants），以“景观”即“园林”二字界定和区别于其他用途的植物，是指一切适用于园林绿化的植物材料。景观植物一般分为乔木、灌木、藤本、草本、地被等植物，既有观花植物，也有观叶、观果及观干、观树姿植物等，还有适用于园林绿化和风景名胜区的环境植物和经济植物。

景观植物是园林景观的基本素材，也是园林景观的基础。以景观植物为主体，即运用乔木，灌木、藤本植物以及草本植物等素材，通过艺术手法，结合各种生态因子的作用，充分发挥景观植物自身的形体线条、色彩等方面的美的元素，来创造出与周围环境相适宜、相协调，并表达一定意境或具有一定功能的艺术空间。

景观植物在造园设计中所体现的艺术水平的高低，关健取决于是否熟悉各种植物的姿态、色彩、叶形、花期、果期及其时序变化，只有这样，才能获得植物配景的层次感，色彩感和时序感。因为景观植物是生长变化的，所以造就了植物景观空间的时序变化。景观植物造景在空间的变化，也可以通过人们视点，视线、视境而产生“步移景异”的空间景观变化。一方面，景观植物造景时，要根据空间的大小、树木的种类、姿态、株数的多少及配植的方式，运用植物组合来划分空间，形成不同的景区和景点；另一方面，景观植物与其他建筑小品、水体、山石等相呼应，或为背景，或做底衬，以突出其所衬托的空间。

景观植物造景虽然是在园林造景艺术指导下的运作设计，然而其材料是围绕绿色植物展开进行的，故有其独特的特征。如果说建筑艺术是“凝固的音乐”，那么植物景观艺术则称之为“流动的旋律”。因为它和其他景观同样具有完整独立的可欣赏性，而且在景观植物生长过程中，还具有常新的动态景观。景观植物本身具有两种表达艺术的特性，一种是有较大差异的生长期及季节变化，一种是丰富多样的色彩、形体及质地等艺术表达符号，所以植物景观设计具备了复杂但又易于控制和改造的双重性。

我国是众多优秀园林景观植物的故乡，更有悠久而灿烂的园林艺术。近年来，经过园林专家的努力探索，我国的造园艺术在理论和实践方面都取得了可喜的成绩。但是我们也经常看到了一些极端现象，在景观设计中追求复古奢华的亭、台、水榭，其后“城市美化运动”愈演愈烈，砍树种草，“景观大道”、“城市广场”等不顾自然条件、盲目攀比的浮躁浪费现象比比皆是。实践证明，景观植物造景，利国、利民，既保证了生态环境的良性循环，又美化了人民生活，是城市文明的标志。但是每一个城市应根据自身的环境因素和经济、政治、人文等因素进行综合考虑，努力创造出无愧于时代的作品。

笔者结合自己多年工作经验，系统地阐述了景观植物在造园设计中的应用方式及理论依据。本书在编写中竭力主张景观植物在园林造园设计中应“因地制宜”。“地”即现实条件或是经济条件，或是地理条件，或是人文条件等，择其重者而考虑，优先满足最需要的“功能条件"。本书分为景观植物造园设计的分类、植物配置方式、景观植物造型设计、景观植物的生物学特性及用途四大部分。

由于时间仓促和笔者水平有限，书中错漏或不妥之处在所难免，恳请尊敬的读者指正。

编　者

2016 年 4 月

目　　录

1 景观植物造园设计原理

景观植物是园林树木及花卉的总称。园林树木一般分为乔木、灌木、藤本三类,花卉一般分为草本花卉、多年生宿根花卉和多年生木本花卉。总而言之,景观植物涵盖了所有具观赏价值的植物。

景观植物就其本身而言是指有形态、色彩、生长规律的生命体,而对园林景观设计者来说,又是一个象征符号,可根据不同符号的特点进行应用上的分类,从而组成不同风格的景观设计。

1.1 园林景观植物类别

本书根据景观植物生长类型的分类法则、应用法则,把景观植物材料分为乔木、灌木、草本花卉、藤本植物、草坪以及地被等六大类型。

每种类型的植物构成了不同的空间形式,或是单体的、或是群体的,乔木具有明显的主干,因高度的不同,常分为乔木、亚乔木,亚乔木在高度上低于乔木。无论是哪一种乔木,其主要功能都是作为植物空间的划分、围合、屏障、引导以及美化作用。亚乔木高度适中,分枝点一般在0.6~1.0 m之间,接近人体仰视适角,故成为城市生活空间、绿地的主要组成树种。乔木的景观应用多在特殊功能的环境下,如点缀疏林草地、城市的干道两侧,或衬托高大建筑物、引导视线等。

高大灌木也因其高度超过人的视线、冠幅丰满、可塑性强,在园林景观设计上主要用于景观分隔与空间的划分,或在小规模的景观环境中用于限定不同功能空间的范围,突出屏蔽功能。大型的灌木与乔木组合常常是划分空间范围,组织较私密性空间的应用组合,能对不同使用功能空间加以屏蔽与分隔。灌木的多姿多彩是构成景观植物的重要组成部分,多以花、叶、茎、果、群植剪型为主要设计要素。

小型灌木的空间尺度最具亲和性,而且其高度在人的视线以下,在空间设计上主要做矮篱笆墙以及围栏的功能。近几年逐渐形成的小型灌木的不规则、规则的群植剪型,对设计者在空间中的设计行为活动与景观欣赏有着至关重要的影响。而且由于视线的连续性,加上视觉变化不大,所以从功能上易形成半开放式空间,现阶段在景观植物设计方面此类材料被大量的应用。

草本花卉的主要观赏的应用价值在于其色彩的多样性,往往在景观设计中起到画龙点睛的作用,而且与其他植物材料结合时,不仅增强地表的覆盖效果,更能形成独特的平面积纵向构图。大部分草本花卉具有丰富的色彩,可以在造园应用上大放异彩,姹紫嫣红的视觉景观令人激动。草本花卉的视觉效果通过图案的形状轮廓线以及不同的受光效果、对比效果表现出来。所以草本花卉在应用上重点突出体量上的变化。没有植物配置在“量”上的积累,就不会形成景观植物造景“质"的变化。除上面所说的利用图案和光影的变化,在景观设计中,经常借用花台、花境以及树带、花带等高差的变化,以突出草本花卉在实际应用中独特的造园效果。

藤本植物以其柔软的枝条,很强的附着功能,在景观设计中垂直绿化、竖直悬挂或在倾斜的竖向平面构图,多数情况下运用藤本植物。藤本植物搭的支架引缚,待枝叶郁闭,可创造出清凉、深邃的绿色廊道。

草坪与地被的含义不同,草坪原为地被的一个种类,均为园林景观绿地中种植的低矮护地植物。近年来,由于现代草坪业的发展速度之快,使其无可争议地成为一门专业。这里的草坪专指以其叶色或叶质为统一的现代草坪。主要草坪植物分冷季型和暖季型草种两大类。而地被则专指用于补充和点缀于林下、林缘或其他用于景观地面装饰的低矮草本植物,它们的适应能力、适用范围和耐践踏性不如草坪。无论是草坪还是低矮的地被植物都具有相近似或相同的功能,是景观植物的基础种类,可构成绿化空间的自然连续与过渡。

在景观植物类型中,除上述6大类之外,近年来随着人们审美及对物种丰富性的需要,野生花卉及树种日渐成为一个新的种群,逐渐在园林景观设计中占有不可小视的地位。例如,野百合、紫花地丁、冰凌花,还有一些早春4月初在冰雪还没有全部融化的时候,就开花的一些毛茛科花卉。景观设计师和园林育种工作者们正在做引种与培植工作。使北方城市的景观植物在不久的将来又会增添一些新的成员,丰富园林景观效果。

1.2 景观植物造园及其观赏性

景观植物造园形式决定了景观的可观赏性,人们通过视觉、嗅觉、触觉、听觉和味觉来感知它。对景观植物的造园效果而言,视觉、嗅觉和触觉的感觉,在园林造园美学中起着主导性的作用,同时听觉、味觉及人的运动感觉某种程度上在审美中也发挥着不可忽视的间接辅助作用。“卧听松涛”、“雨打芭蕉”就是园林中由听而感的生动景观。

景观的欣赏在不同的感知活动中有明显的主次之分。人们在欣赏优美的景观时,最先捕捉景点的是视觉器官——眼睛,随着人的好奇和对景点的近距离接触,才开始“闻其香”、“触其体”,从而“动人心”。视觉的感官在园林景观中表现为形与色，嗅觉表现为香味，而触觉则直接表现在质地上。

园林景观植物造园有群体美、个体美、亦有植物细部的特色美，景观植物造园，无论是群体美，抑或个体美，都是由植物体的各个生命结构组合的物理特性形、色、味及质在人心理中产生的感应，我们把这些构成景观的植物生命结构称为园林植物景观素材，主要有植物的姿态、叶、花、果、干、根。

园林景观植物的审美在园林艺术中的相互关系和作用，以及使景观设计者如何充分了解和认识景观素材及其观赏特性，是每一位景观设计者需要了解和掌握的。下面分别就景观植物在艺术美中起主导作用并引起感觉的外部形态的根、干、花、果等做简单的介绍。

1.2.1 园林景观植物的外部形态及其观赏特性

景观植物的形态，不仅因种类各异，且单株之间不同结构者亦各具形态，形态之于色彩犹如平面之于立体，表里因果对于景观设计者至关重要。

1.2.1.1 根脚

根脚即植物根部在土壤地表交接处露出地面的部分。大多数根脚具有观赏性的植物都属于乔、亚乔、灌木类，以其原有生长的自然形态（如榕树的气生根）或加工形态（如人为使观根盆景的根部显露于土壤表面之上）独成景观。自然根脚景观多是植物用以适应其当地气候条件的自然生理反应。然而这在无意之间却平添了景观价值。下面是几个赏根种类：

帚状——樟等。

根出状——黑松、榕等。

条纹状——无患子等。

钟乳状——银杏、紫薇等。

1.2.1.2 树干

树干具有观赏性的大多是乔木、灌木、亚乔木。或亭亭玉立，或深厚壮观，或奇形怪状，令人惊叹，下面是几个观赏树干种类：

平滑状——梧桐、白皮松、槐树等。

隆起呈乳房状——银杏等。

剥落成龟甲状——松类。

针刺状——刺槐、皂荚、月季、玫瑰等。

1.2.1.3 枝条

枝条以其分枝数量、长短以及枝序角等围合成各样的树冠以供欣赏，所以树冠之美取决于枝条之姿。依枝条的性质可以分为如下几类：

向上型——新疆杨、侧柏、榉树等。

下垂型——垂柳、垂榆、龙爪槐。

水平型——雪松、云杉、冷杉等。

匍匐型——枸杞飞偃柏飞迎春等。

攀缘型——紫藤、地锦等。

1.2.1.4 叶子

园林景观植物叶形各异，颇具观赏性，分为单叶类、复叶类两种。

(1)单叶类

针形——松类、柏类等。

心脏形——泡桐、樟树等。

倒卵形——玉兰、卫矛等。

奇异形——银杏、变叶木、羊蹄甲等。

(2)复叶类

奇数羽状复叶——刺槐、红豆、紫薇、十大功劳等。

偶数羽状复叶——香椿、荔枝、龙眼等

多重羽状复叶——南天竹、合欢、栾树等

掌状复叶——七叶树、五加、木棉、棕竹等。

叶子形状的观赏特性除表现在个体上，还表现在群体之美。如棕榈、蒲葵、椰子等具有热带风光的指示性，而一些大型的掌状叶、羽状叶却给人朴实大方、轻俏潇洒的意境。

1.2.1.5 姿态

园林景观植物的姿态是指植物单株在无束缚情况下，自由生长而形成的外部轮廓，它由主干、主枝、侧枝及叶片组成。姿态是园林景观植物的观赏特性之一，在景观的构图中，影响着统一性和多样性。姿态以干为骨架，以叶为肉，从而构成形态各异的植物姿态。

(1)姿态的类型

植物生长在高、宽、深立体空间中，将植物这种空间表达与人的视觉效果相融通，可以分为以下几种类型：

垂直向上型——以松、柏类植物为多见，另有钻天杨、毛白杨等。这类植物外部轮廓挺拔向上，突出空间的垂直面，如果与低矮的灌木、剪型球等植物相互搭配，对比效果强烈，最适宜成为视觉中心，引起观赏者心理的跳跃变化。这类植物适宜表达严肃恬静，气氛庄严的空间，如陵园、墓地等纪念性场所。因为其基调树种强烈的向上的动势，特具升腾的形象，使其在适度范围内让人们充分体验那种对崇敬之人的哀悼之情。

水平延伸型——以偃松、偃柏、铺地柏、沙地柏类为主，爬山虎、匍匐类的偃松、柏类更护地。这类景观植物具有恬静、平铺、舒缓的效果。在空间上，水平展开状的植物可以增加景观的宽广度，引导人的视线前伸，因此，在应用时宜与垂直类植物共用，产生纵横交织的视觉冲击效果，故而宜与地势结合，或用做地被，或具有垂直绿化的遮掩作用等。

无固定形状型在几何学中无固定形专指圆、椭圆或以弧形、曲线为轮廓的构图。无固定形状的景观植物除自然形成外，多数是人工依据植物自身长势稍加人工修剪而形成的。所以在应用中不易破坏植物本身的独有造型，日本园林多用此类植物，大概是与其“禅”学的与世无争的处世之道有关吧。

园林景观植物除以上外部轮廓姿态的表现特点及实地应用外，景观设计者在具体应用时还应该注意以下几点：

①景观设计时应抓住植物最佳景观效果，作为优先考虑、如榆树、油松等植物，愈老姿态愈奇特。

②景观设计时以植物姿态为构图中心时注重把握不同姿态的植物映射于人感情的轻重程度。一般剪型植物在视觉效果上显得具有浓重的人工气息，而没有经过修剪的自然生长的树木则给人以自由洒脱的感觉。

③景观设计中注重单株与群体之间的关系。如果在一特定景观设计中想表现单株植物，在设计时就应避免该类植物或同类植物的群植。

④景观设计中应注重基调树种的选择，如避免太多不同种类、不同姿态的树种同时出现，给人以杂乱无章的感觉，因为主题不突出是设计中的大忌。

(2)景观植物的外形姿态在景观设计中的作用。

①强调地形起伏，在较低矮土丘之顶端配以尖形植物则增强和烘托出小地形的起伏感；或于山基配植以矮小匍匐型植物，同样可增加地形的起伏感。

②科学配置和按美学原则安排姿态各异的植物，可以产生韵律感、层次感等组景效果。

③有独特姿态的植物宜孤植形成点景，或作为视觉中心，或作为标志性地点的标志。

1.2.2 园林景观植物的色彩美及其观赏特性

色彩在视觉领域中最富有表现力和感染力，不同的色彩在不同国家和地区具有不同的象征意义。而植物的色彩极其丰富的有叶色、花色、果色等。利用植物的色彩塑造景观形象是园林景观设计不可缺少的重要内容。远看色，近看形。“万绿丛中一点红”就是将少量红色突显出采，而“层林尽染”则突出“群色”的壮美景象。

1.2.2.1 植物的色彩

植物是有生命的、变化的、生长的，每一阶段的生长变化都伴随着不同色彩的变化。在景观设计中充分利用树木的色彩配置，使其艺术化、科学化，更好地发挥植物的特色，就要求景观设计师们对植物的色彩及色彩变化有一个全面的了解。否则就很难设计出发挥植物色彩美感的景观环境。

植物的色彩有其自身个体的特色美，还有其组合配置后产生的整体色彩美。在设计中要注意植物与植物之间的自然变化规律以及色彩配置的视觉效果、力求新的配色感觉，避免落人人们已熟视无睹的配色模式中。

好的植物配色能使环境恬静优美，让人流连忘返，不同的色彩表达的情感是不同的。

红色——与火同色，充满刺激，意味着热情奔放、充满活力，因此极具透视性和注目性，但过多的红色容易使人心理烦躁，故应用时要慎重。

黄色——色彩明快，给人以光咀，灿烂、纯净之感，象征着希望和快乐，同时也兼具有神秘、华贵、高雅之感。

绿色——植物及自然界中最普遍的色彩，是生命之色，象征着青春、希望、和平，给人以宁静、休息和安慰的感觉。不同深浅程度的绿色合理搭配，具有很强的层次感。

蓝色——是典型的冷色和沉静色，给人寂静、空旷的感觉。在景观设计中蓝色调植物多用于安静区或老年活动区。

紫色——紫色是高贵、庄重、优雅之色，明亮的紫色会让人感到美好和兴奋，象征光明与理解，低明度的紫色富有神秘感。

白色——象征着纯洁和单纯、富有神圣与和平的寓意，给人以干净、朴素、纯洁的感觉，如大面积的使用也易给人单调、凄凉和虚无之感。

景观设计中植物色彩的应用与园林景观意境的创造、空间构图以及艺术的表现力有着非常密切的关系。《花境》中提到："因其(植物)质之高下，随其花之时侯，配其色之深浅，多方巧搭…，"桃花妖冶，宜别墅山隈、小桥溪畔、横参翠柳、斜映明霞"。北宋诗人欧阳修云："深红浅白宜相间，先生仍须次第开，我欲四时携酒去，莫教一日不花开。"道出诗人对花色的深刻理解与钟爱。

现代景观设计中，以大的植物色块组成的景点很多。例如：上海浦东的大面积绿化模式或在公路绿化中利用花卉的多姿多彩与矮灌木的色彩组成多种图案。另外，以各种不同秋色叶类植物群植在一起展现秋季的绚丽，如北京香山的枫叶就是一个典型的秋色园。

1.2.2.2 植物的季相

景观植物在一年四季中有其自身的生长规律：萌芽、展叶、孕蕾、开花、结果，在其成长过程中植物为我们提供了欣赏植物季节美的机会。

春天树木抽芽吐绿，桃李花开；夏天绿树成荫，万绿重重，百花齐放；秋天树木色彩斑斓，果实累累，枫叶鲜红似火；冬天树木极具骨感，大地银装素裹婀娜多姿。每一个季节都是一幅不同的美丽画卷。营造宜人的优美环境,正是景观设计师所追求的最高艺术境界,也是景观设计艺术的魅力所在。

景观植物的配置,不是设计者随心所欲"画"出来的,而是科学与艺术相结合的成果,只知道设计的美学原理,不精通植物的习性只能停留于"纸上谈兵"阶段;反过采说只懂植物的习性,不懂艺术原理和审美心理的设计师充其量只能称之为工匠。跟不上时代的发展,设计不出尽善尽美的、理想的、符合人们审美心理的景观环境,这样的设计师不是合格的景观设计师。

随着人们精神世界与物质追求的不断发展,人们的审美要求愈来愈超越同一化、个性化,两者有机的组合,要求设计师把实用功能与审美特性两者高度地统一起来,最大限度地发挥景观设计科学与艺术的魅力。

1.2.2.3 植物的观赏

植物具有与生俱来的观赏价值,因而深受人们的喜爱。植物的个性美往往体现在其特有的观赏价值上。观赏点每种植物因其不同的特性而不同。大体上可分为以下几个方面:花的观赏,叶的观赏、树皮的观赏、果实的观赏、树姿的观赏等等。优秀的设计师们正是充分利用了植物的色彩,形态美感特征来组合构成植物景观的,集植物的自然美为一体,呈现在人们的眼前。

熟悉和灵活掌握景观植物的特性美,是一个合格的景观设计师的基本素质。从叶子的形状来说有数不清的形状,花朵的色与形更是千姿百态,树姿、树干、果实等都是构成具有个性美的景观的基本要素。春花、夏荷、秋叶、冬枝,冬去春来,四季为人们提供了观赏不尽的美丽大自然。利用这些景观构成元素,营造美好的人居环境,培养人们热爱自然的情趣,体现植物的观赏价值,为人们提供视觉、嗅觉、心理感受的美好空间,是景观设计师必须具备和掌握的。

1.3 景观植物的配置原则

景观植物是具有生命活的物体,景观设计师对植物材料的运用,首先也是必须应该把握生命体的生物学特性。不同的植物对温度、湿度、土壤、气候、光照以及生长的特殊条件都有不同的要求,所以研究环境中各因子与植物的关系是植物景观设计的基础工作。不同的自然环境适合于不同的植物,顺应植物的生长规律,科学地按照植物的生长习性来设计配置方案,是景观设计中应该首先考虑的,这也是我们经常说的适地适树。

1.3.1 重视景观植物多样性原则

每一种植物在正常的生长环境下,各具特定的形态特征和观赏特点。就木本植物而言,每一种树木的叶、花、果、枝干、树形等方面的观赏特性就各不相同，只有在园林绿地中选用多种园林观赏植物，才能形成丰富多彩的绿地景观，提高绿地景观的艺术水平和观赏价值。

在绿地中选用多种植物，有利于适应对园林绿地多种功能的要求。各种植物由于生活习性不同而具有不同的功能，在城市园林绿地中，可以根据绿地的功能要求和立地条件选种适宜的园林植物。例如：在需要围护、分隔、美化的地段，可以使用一些枝叶繁茂的灌木类植物；在需要遮荫的地方，可以种枝叶浓密、树冠大、树干高的乔木遮荫树，也可种植攀缘类的藤本植物；在需要开展群众性集体活动的地方，种植耐践踏的草坪；而在承受较大风力的地带，应选用深根系的树种；在城市各类庭院和街道旁必须选用浅根系的树种。所以只有选用多种植物，才能满足各类景观的多功能的需要。

选用多种植物可以有效地防治多种环境污染。不同的景观植物往往只在净化某一种污染方面有显著功效，如垂柳、榆树、苹果树、刺槐对净化二氧化硫污染的作用显著；悬铃木、女贞、水杉等植物对净化氯气有作用；在减弱噪声方面，效果较好的园林植物主要有松科、杉科、柏科的一些树种。要提高现代生活空间的环境质量，城市园林绿化就应该选用多种植物，才能全面有效地保护环境，维护城市生态平衡。

植物的多种种植利于形成由乔木、灌木、藤本、草本等植物多层结构融为一体、较稳定的植物群落。绿地群落可有效地降低风速，形成徐徐微风，对许多生态因子起到改善的作用。多层次不同品种的植物群落，提高了绿化单位面积的“叶面积指数”。从而提高了单位面积的绿地在净化污染、减弱噪声、改善气候、保护环境等方面的综合效益和功用，还能极大地丰富人们对景观植物种类的感性认识。

1.3.2　适地适树的原则

各种园林植物的生长习性不尽相同，如果植物的立地条件与其生长习性相悖，生长往往不良或死亡。因此在景观植物进行种植设计时，应当根据园林绿地各个不同地段在光照、气温、水分以及风力影响等方面的不同，合理地设计，选种相应的植物，使多种不同习性的园林植物。与之生长的立地环境条件相适应。这样，才能使绿地内选用的多种园林植物。能够正常健康地生长，形成生机盎然的园林景观。

1.3.3　尽最大可能形成人工群落的原则

进行景观种植设计时，应对各种大、小乔木、藤本、草本、地被等植物进行科学的有机组合，尽量使各种形态不同、习性各异的园林植物合理搭配，形成多层复合结构的人工植物群落。这样，可以有效地增加绿地植物的选用量，提高绿地单位面积园林植物的绿量值，增强园林绿地在保护环境、改善气候、平衡生态等方面的功能。

1.3.4 遵循与绿地使用功能相适应的种植原则

景观植物的种植是为实现园林绿地的多种功能服务的,在绿地实施种植物种多样性时,要服从和适应园林绿地的功能要求,在绿地内进行乔、灌、草、地被等多种植物复层结构的群落式种植,这是在园林内实现植物多样性最为有效的途径和措施。但是不能把绿地全部培植为复层结构的人工群落。若绿地全被植物群落占据的话,不仅园林的景观由于空间缺乏灵活性而显得过于单调,而且园林绿地的许多功能(如文化娱乐、大型集体活动等)也不容易实现。园林绿地内的植物种植,应从园林绿地的综合功能和效益出发,进行科学的统筹设计,合理分布植物,使绿化种植呈现出宜密则密,宜疏则疏,开合自如,疏密有致的富于变化的合理布局。

1.3.5 速生与慢生树种相搭配的原则

各种树木生长速度和生命周期不尽相同。实施植物种植的多样性时,还应当注意速生树种与慢生树种的合理配置。当前,在绿化中由于追求短期效力,往往选用速生树种多,栽植慢生、长寿树种少,这是一种不良倾向。种植速生树种虽然见效快,但速生树种的材质往往较疏松,对风雪的抗性差。速生树的寿命一般较短、更新较快,这样不仅增加施工和养护管理的负担,而且对城市园林绿地植物多样性的稳定与持久是不利的。慢生树虽然生长速度较慢,但其材质往往紧密,因而对风雪病虫害的抗性较强,其养护管理相对容易。而且,慢生树种的寿命一般都较长,经过若干年后可以重新修剪,它们依然生机勃勃。

1.3.6 人与自然相和谐的原则

随着园林设计水平的不断提高,应尽量按照不规则的、自然式的布局来设计园林,更多的考虑人与自然的接触和交流。以绿地中的草坪来说,因为其功能主要是观赏、环境保护,所以应当按照其功能的要求选择培植草坪用的草种。在植物配置设计上,常常以种植绿篱方式隔开草坪与道路。为了适应和满足人们日益增强的希望亲近自然的心理需求,就应当考虑让游人进入草坪活动、休憩。为此,在草种的选择配用上,就必须考虑具有耐践踏、抗折倒的性能,而且草坪与道路之间就不能再用绿篱来分隔,而要考虑让人们随时可进入草坪,融入自然。

1.3.7 多样统一、协调对比的原则

各种植物及其不同的搭配形式,组成了不同的绿地植物景观,因此在绿地中选用多种景观植物时,不仅要注意植物种植的科学性、功能性。而且,还要讲究植物配置的艺术性、布局合理,疏密有致、使植物与景观园林的各种建筑、道桥、山石、小品之间、园林绿地中的各种花草树木之间,在色彩、形态、质感、光

影、明暗、体量、尺度等方面，进行富于多样变化的对比，同时又能够相互烘托协调的艺术构思和配置设计。这样，才能使我们周围的绿地，即能体现出园林植物的多样性、又无繁杂零乱之感，使植物的多样性与园林的艺术性协调统一起来。注意园林植物自身的文化性与周围环境相融合，如岁寒三友松、竹、梅在许多文人雅士私家园林中很得益。但松、柏则多栽于陵园中，农村绿化时要注意少使用它。

总之，园林景观植物配置在遵循生态学原理为基础的同时，还应结合遵循美学原理。但应遵循先生态，后景观的原则，尊重自然是前提，胜于自然是从属。另外，园林景观植物配置还可以根据需要结合经济性、文化性、知识性等内容，扩大园林植物功能的内涵和外延，充分发挥其综合功能，服务于人类。

1.4 景观植物的常用配置方法

景观植物的配置一方面是各种植物相互之间的配置，考虑植物种类的选择，树群的组合，平面和立面的构图、色彩、季相以及园林意境；另一方面是园林景观植物与其他园林要素如山石、水体、建筑、园路等相互之间的配置。参见图1－1～图1－6。

1.4.1 景观植物配植时的基本问题

如群植、散点植之间的关系；平面或立面曲线的控制和形式的利用方法；种植地边缘处的处理；植物结合时废空间的处理；植物形成的线型的利用等。

1.4.2 配植的平面关系

自然界的植物群落具有天然的植物组成和自然景观，是自然式植物配置的艺术创作源泉。中国古典园林和较大的公园、风景区中，植物配置通常采用自然式，但在局部地区，特别是主体建筑物附近和主干道路旁侧也采用规则式。园林植物的布置方法主要有孤植、对植、列植、林植和群植等几种。

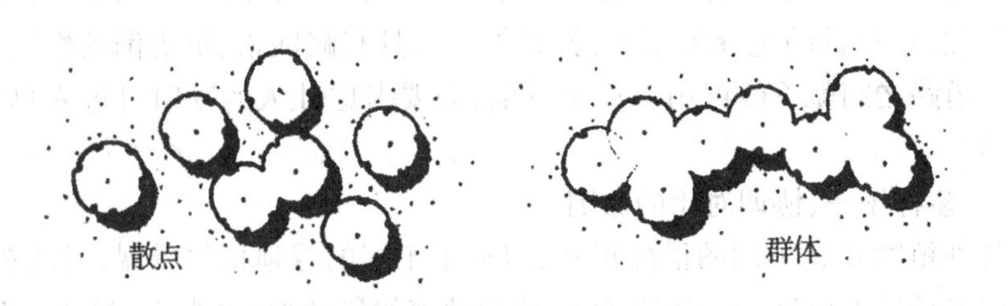

图1－1 单体植物散点群植

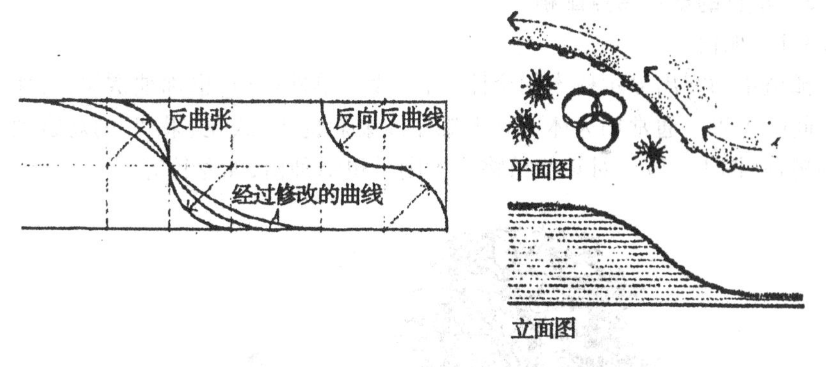

图 1－2　曲线在园林中的应用可以在平面也可以在立面

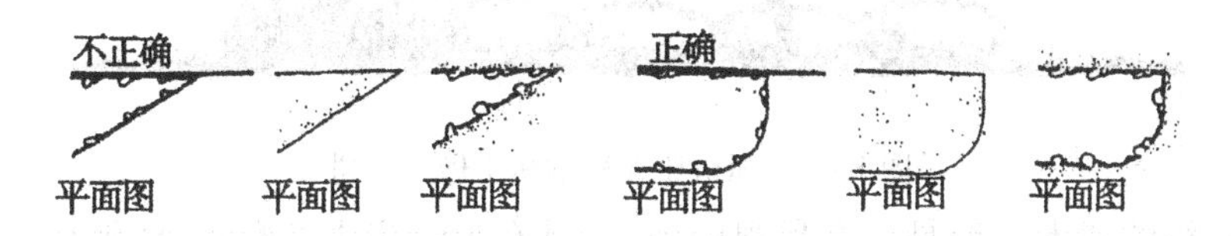

图 1－3　种植地的边缘处应避免出现狭窄尖削状

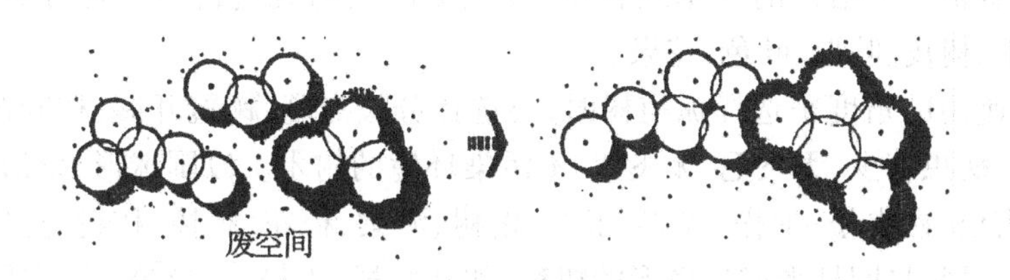

图 1－4　两组植物结合可以消除废空间

图 1－5　平展型植物有延伸感

图 1－6　植物奇偶数群植

1.4.3 植物的景观特点配植

1.4.3.1 孤植

孤植指为突出显示树木的个体美，一般均单株种植，也称独赏树，常作为园林空间的主景。通常均为体形高大雄伟或姿态优美，或花、果、叶的观赏效果显著的树种（图 1－7）。对某些植物种类则呈单丛种植，如龙竹等。

图 1－7 孤植树在植物丛中做主景树

孤植的树木一般是一个景观的中心，具有视觉集中的特点，能够抓住人们的视线，因此要求植物的观赏性较高。为了突出这种观赏性，往往在孤植树木的周围栽植一些陪衬的灌木或花草，以此提高它的观赏价值。观赏对象有树姿、树干、树皮、叶形、叶色、花果。

从遮荫的角度来选择孤植树时，要选择分枝点高、树冠开展、枝叶茂盛、叶大荫浓、病虫害少、无飞毛、无飞絮、不污染环境的树木。以圆球形、伞形树冠为好，如雪松、白皮松、油松、银杏、玉兰、榕树、海棠、梅花、香樟、核桃、悬铃木等。树冠不开展、呈圆柱形或尖塔形的树种，如新疆杨、雪松、云杉等，均不适于遮荫树。

必须考虑孤植树与环境间的对比及烘托关系。如曲廊、幽径、墙垣的转折处，池畔、桥头、大片草坪上，花坛中心、道路交叉点、道路转折点、缓坡、平阔的湖池岸边等处。同时能够发挥遮荫功能及一些焦点位置，如一些大面积同色墙前面的绿化装饰。孤植树配置于山岗上或山脚下，既有良好的观赏效果，又能起到改造地形、丰富天际线的作用。在道路的转弯处配置姿态优美、色彩艳丽的孤植树有良好的景观效果。在以树群、建筑或山体为背景配置孤植观赏树时，要注意所选孤植树在色彩上与背景应有反差，在树形上也能协调。

用做孤植的树种有黄山松、南洋杉、栎类、七叶树、槐、栾树、柠檬桉、金钱松、南洋楹、椿树、海棠、樱花、梅花、山楂、白兰、雪松、油松、圆柏、侧柏、毛白杨、白桦、元宝枫、蒙椴、糠椴、紫叶李、核桃、柿、山荆子、槐、皂荚、白榆、银杏、薄壳山核桃、朴树、冷杉、云杉、悬铃木、丝棉木、加杨、合欢、枫杨、枫香、鹅掌楸、香樟、广玉兰、白玉兰、桂花、鸡爪槭、七叶树、糙叶树、金钱松、黄兰、白兰、菩提树、芒果、荔枝、橄榄、木棉、凤凰木、大花紫薇、南洋杉等(图 1－8)。

图 1－8　开敞草坪中的孤植树常为主景

1.4.3.2　对植和列植

对植是将数量大致相等的树木按一定的轴线关系对称地种植。列植是对植的延伸,指成行成带地种植树木,其株距与行距可以相同或不同。与孤植不同的是对植和列植的树木不是主景,而是起衬托作用的配景。行道树、植篱、防护林带、整形园林的透视线、果园的树木常常呈行列式种植。列植有利于通风透光,便于机械化管理,一般宜密植,形成树屏。

对植多应用于大门两边、建筑物入口、广场或桥头的两旁,用两株树形整齐美观的种类,左右相对的配植。在自然式种植中,不要求对称,对植时也应保持形态的均衡。例如,在公园门口对植两棵体量相当的树木,可以对园门及其周围的景观起到很好的引导作用;在桥头两旁对植能增强桥梁构图上的稳定感。对植也常用在有纪念意义的建筑物或景点两边,这时选用的对植树种的姿态、体量、色彩上要与景点的思想主题相吻合,既要发挥其衬托作用,又不能喧宾夺主。两株树的对植要用同一树种,姿态可以不同,但动势要向构图的中轴线集中,不能形成背道而驰的局面,以免影响景观效果。在自然式栽植中,也可以用两个树丛形成对植,这时选择的树种和组成要比较近似,栽植时注意避免呆板的绝对对称,但又必须形成对应,给人以均衡的感觉。

列植树木要保持两侧的对称性,当然这种对称并不一定是绝对的对称。列植在园林中可作园林景物的背景,种植密度较大的可以起到分割隔离的作用,形成树屏,这种方式使夹道中间形成较为隐密的空间。通往景点的园路可用列植的方式引导游人视线,这时要注意不能对景点形成压迫感,也不能遮挡游人。在树种的选择上要考虑能对景点起到衬托作用的种类,如景点是已故伟人的塑像或英雄纪念碑,列植树种就应该选择具有庄严肃穆气氛的圆柏、雪松等。列植应用最多的是公路、铁路及城市街道行道树、绿篱、林带及水边种植等,道路一般都有中轴线,最适宜采取列植的配置方式,通常为单行或双行,多用一种树木组成,也有间植搭配。在必要时亦可植为多行按一定方式排列。行道树种植宜选用树冠形体比较整齐一致的种类。株距与行距的大小,应视树的种类和所需要遮荫的郁闭程度而定。一般大乔木株行距为 5 ~ 8 m,中、小乔木为 3 ~ 5 m,大灌木为 2 ~ 3 m,小灌木为 1 ~ 2 m。完全种植乔木或将乔木与灌木交替种植皆可。实行行植常选用的树种,乔木有油松、圆柏、银杏、槐树、白蜡、元宝枫、毛白杨、柳杉、悬铃木、槐树、龙爪槐、加杨、栾树、柳、合欢等;灌木有丁香、红瑞木、小叶黄杨、玫瑰、木槿、刺玫等。行植绿篱者,可单行也可双行种植,株距一般 30 ~ 50 cm,行距为 30 ~ 50 cm。一般多选用常绿的圆柏、侧柏、小叶黄杨、水蜡、小檗、木槿、蔷薇、小叶女贞、黄刺玫等分蘖性强、耐修剪的树种。总之,列植也就是线性的排列配置法,有一致性的排列,也有高低不一、穿插性的排列。前者单调乏味,后者却富有韵律。

1.4.3.3　丛植

由两三株至一二十株同种类或相似的树种较紧密地种植在一起,使其林冠线彼此密接而形成一个整体的外轮廓线,这种配置方式称为丛植,是城市绿地内植物作为主要景观布置时常见的形式。丛植形成的树丛有较强的整体感,个体也要能在统一的构图之中表现出个体美,所以丛植树种选择的条件与孤植树相似,必须挑选在树形、树姿、色彩等方面有特殊价值的种类,少量株数的丛植亦有独赏树的艺术效果。

丛植须符合多样统一的原则,所选树种要相同或相似,但树的形态、姿势及配置的方式要多变化,不能对植、列植或形成规则式树林。丛植时对树木的大小、姿态都有一定的要求,要体现出对比与和谐。(图 1 -9)

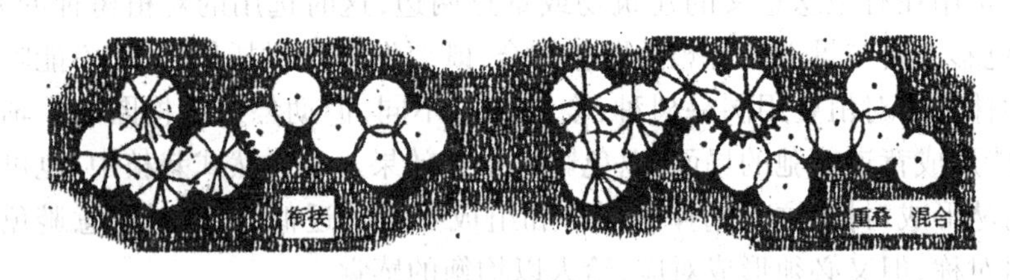

图 1 -9　不同树种的衔接重叠混合

丛植形成的树丛既可作为主景,也可以作为配景。作为主景时四周要空旷,宜用针、阔叶混植的树丛,有较为开阔的观赏空间和通透的视线,栽植点位置较高,使树丛主景突出。树丛配置在空旷草坪的视点中心上,具有极好的观赏效果;在水边或湖中小岛上配置,可作为水景的焦点,能使水面和水体活泼而生动;公园进门后配置一树丛既可观赏又有障景的作用。在中国古典山水园中,树丛与山石组合,设置于粉墙前、走廊或房屋的角隅,组成一定画面的景观是常用的手法。除作主景外,树丛还可以作假山、雕塑、建筑物或其他园林设施的配景,如用作小路分枝的标志或遮蔽小路的前景,可取得峰回路转又一景的效果,也可形成不同的空间分隔。

同时,树丛还能作背景,如用雪松、油松或其他常绿树丛植作为背景,前面配置桃花等早春观花树木或花境均有很好的景观效果。丛植作为诱导景观,可以布置在出入口、岔路口和道路弯曲的部分,可以引导游人按设计安排的路线欣赏丰富多彩的园林景观。

(1)两株配合

树木配置构图上必须符合多样统一的原理,要既有调和又有对比,因此两株树的组合,首先必须有其通相,同时又有其殊相,才能使两者有变化又有统一。凡差别太大的两种不同的树木,如棕榈和马尾松、桧柏和龙爪槐配植在一起,对比太强,会失掉均衡感;其次因两者间无相通之处,形成极不协调的观感,效果不佳。因此两株结合的树丛最好采用同一树种,但如果两株相同的树木大小、体型、高低完全相同,配植在一起时,则又过分呆板,所以凡采用两株同种树木配植,最好在姿态上、动势上、大小上有显著差异,才能使树丛生动活泼起来。正如明朝画家龚贤所说:“二株一丛,必一俯一仰,一欹一直,一向左一向右,一有根一无根,一平头一锐头,二根一高一下。”又说:“二树一丛,分枝不宜相似,即十树五树一丛,亦不得相似。”以上说明株数相同的树木,配植在一起,在动势、姿态与体量上,均须有差异、对比,才能生动活泼。

两株的树丛,栽植的距离不能与两树冠直径的1/2相等,必须靠近,其距离要比小树冠小得多,这样才能成为一个整体。如果栽植距离大于成年树的树冠,那就变成两株独树而不是一个树丛。不同种的树木,如果在外观上十分类似,可考虑配植在一起,如桂花和女贞为同科不同属的植物,但外观相似,又同为常绿阔叶乔木,配植在一起感到十分调和,不过在配植时最好把桂花放在重要位置,女贞作为陪衬,如果分不出来,则降低了桂花的景观。同一个树种下的变种和品种,差异更小,一般也可以一起配植,如红梅与绿萼梅相配,就很调和。但是即便是同一种的不同变种,如果外观上差异太大,仍然不适合配植在一起,如龙爪柳与馒头柳同为旱柳变种,但由于外形相差太大,配在一起就会不协调[图1-10(a),图1-10(b)]。

(2)三株树丛的配合

三株配合中,用两种不同树种,最好同为常绿树或同为落叶村,同为乔木或同为灌木,忌用三个不同树种(如果外观不易分辨不在此限)。明朝画家龚贤说："古云：三树一丛，第一株为主树，第二、第三为客树"，"三株一丛，则二株宜近，一株宜远以示别也。近者曲而俯，远者宜直而仰"，"三株不宜结，亦不宜散，散则无情，结是病"（图 1－11）。

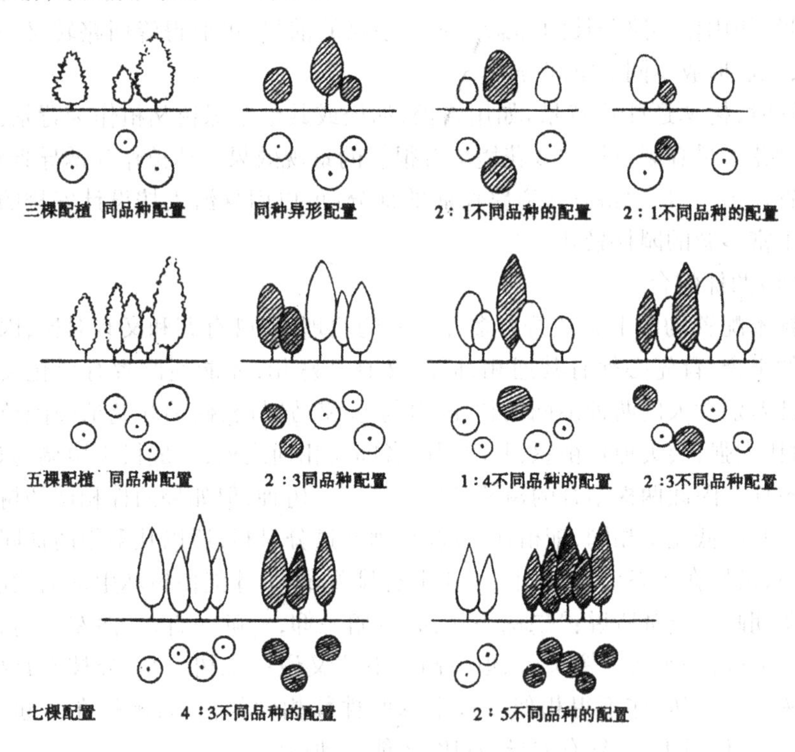

图 1－10（a） 植物配置示意

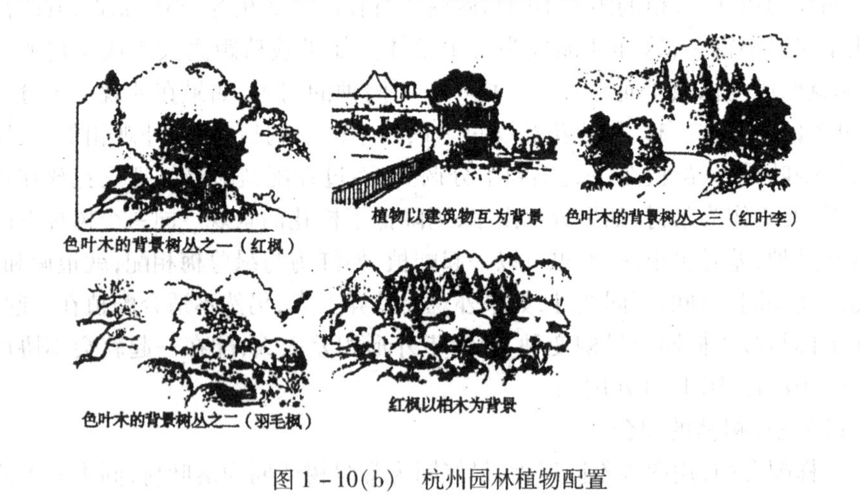

图 1－10（b） 杭州园林植物配置

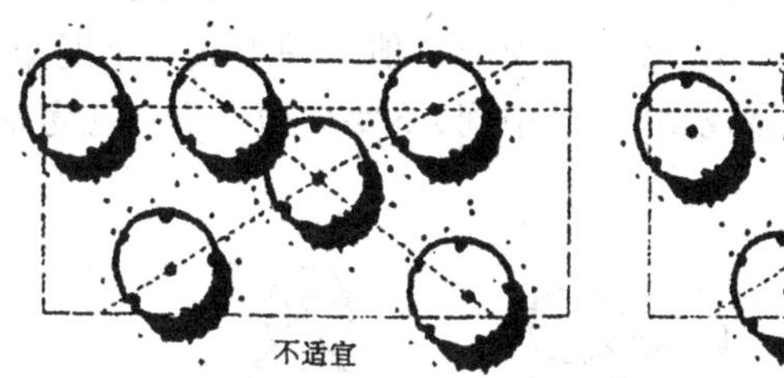

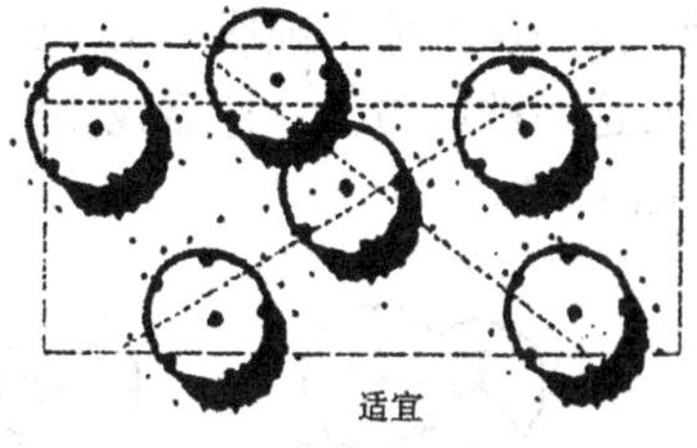

图 1－11　自然式群植物忌三株在一条直线上

三株配植，树木的大小，姿态都要有对比和差异。栽植时，三株忌在一直线上，也忌等边三角形栽植，三株的距离都要不相等，其中有两株，即最大一株和最小一株要靠近些，使之成为一小组，中等的一株要远离一些，使其成为另一小组，但两个小组在动势上要呼应，构图才不致分割（图 1－12，图 1－13）。

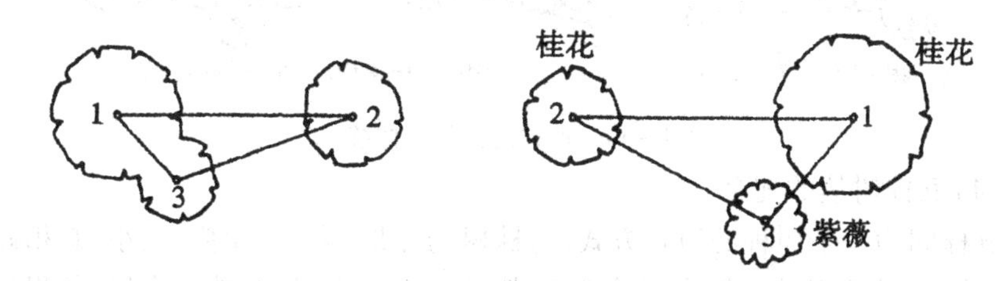

图 1－12　三株配植

（3）四株树丛的配合

四株用一个树种或两种不同的树种，必须同为乔木或同为灌木才较调和。如果应用三种以上的树种，或大小悬殊的乔木、灌木，就不易调和；如果是外观极相似的树木，就可以超过两种以上。所以原则上四株的组合不要乔、灌木合用。当树种完全相同时，在体形上、姿态上、大小上、距离上、高矮上应力求不同，栽植点标高也可以变化。

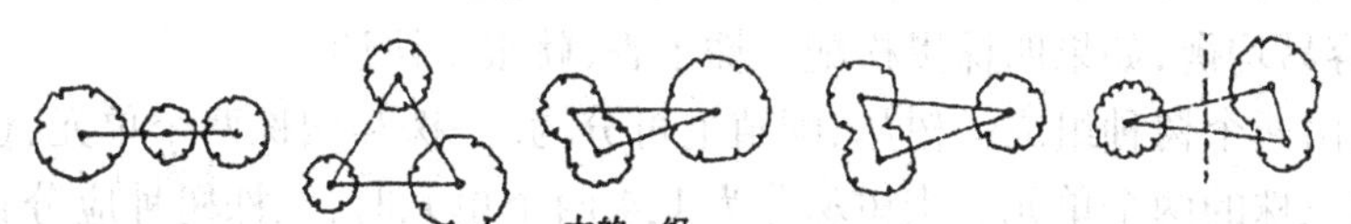

图 1－13　三株忌用

四株树组合的树丛，不能种在一条直线上，要分组栽植，但不能两两组合，也不要任何三株成一直线，可以为两组或三组。分为两组即三株较近一株远离；分为三组即两株一组，另一株稍远，再一株远离。树种相同时，在树木大小排列上，最大的一株要在集体的一组中，远离的可用大小排列在第二、三位的一株;当树种不同时,其中三株为一种,一株为另一种,这另一种的一株不能最大,也不能最小,这一株不能单独成一个小组,必须与其他一种组成一个混交树丛,在这一组中,这一株应与另一株靠拢,并居于中间,不要靠边。当然应考虑庇荫的问题。(图1-14)

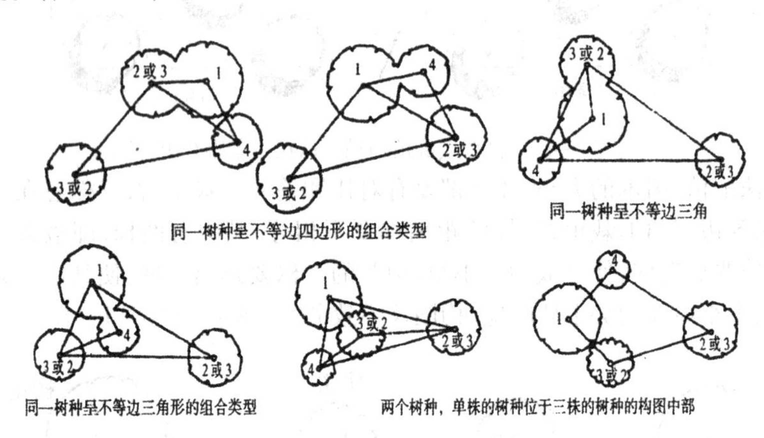

图1-14　四株配植的多样统一

(4)五株树丛的配合

五株同为一个树种的组合方式,每株树的体形、姿态、动势、大小、栽植距离都应不同。最理想的分组方式为3:2,就是三株一小组,两株一小组,如果按照大小分为5个号,三株的小组应该是1、2、4成组,或1、3、4成组,或1、3、5成组。总之,主体必须在三株一组中。组合原则三株的小组与三株的树丛相同,两株的小组与两株的树丛相同,但是这两小组必须各有动势,两组动势要取得均衡。另一种分组方式为4:1,其中单株树木不要最大的,也不要最小的,最好是2、3号树种,但两小组距离不宜过远,动势上要有联系。

五株树丛由两个树种组成,一个树种为三株,另一个树种为两株合适。如果一个树种为一株,另一个树种为四株就不合适。如三株桂花配两株槭树较好,这样容易均衡,如果四株黑松配一株丁香,就很不协调。

五株由两个树种组成的树丛,配植上可分为.一株和四株两个单元,也可分为两株和三株的两个单元。当树丛分为1:4两个单元时,三株树种应分置两个单元中,两株的一个树种应置一个单元中,不可把两株的分为两个单元,如要把一个树种两株分为两个单元,其中一株应该配植在另一树种的包围之中。当树丛分为3:2两个单元时,不能三株的一种在同一单元,而另一树种,两株种在同一单元。

总之,树木的配植,组成越复杂株数越多,分析起来,孤植树是一个基本,二株丛植也是基本,以此类推,多株数组合同样是由基本株数组成。芥子园画谱中说“五株既熟,则千株万株可以类推,交搭巧妙,在此转关”,其关键仍在调和中要求对比差异,株数多树种可以增多,株数少树种可以减少,在 20 株以内时最好不要超过 5 个品种的景观树。

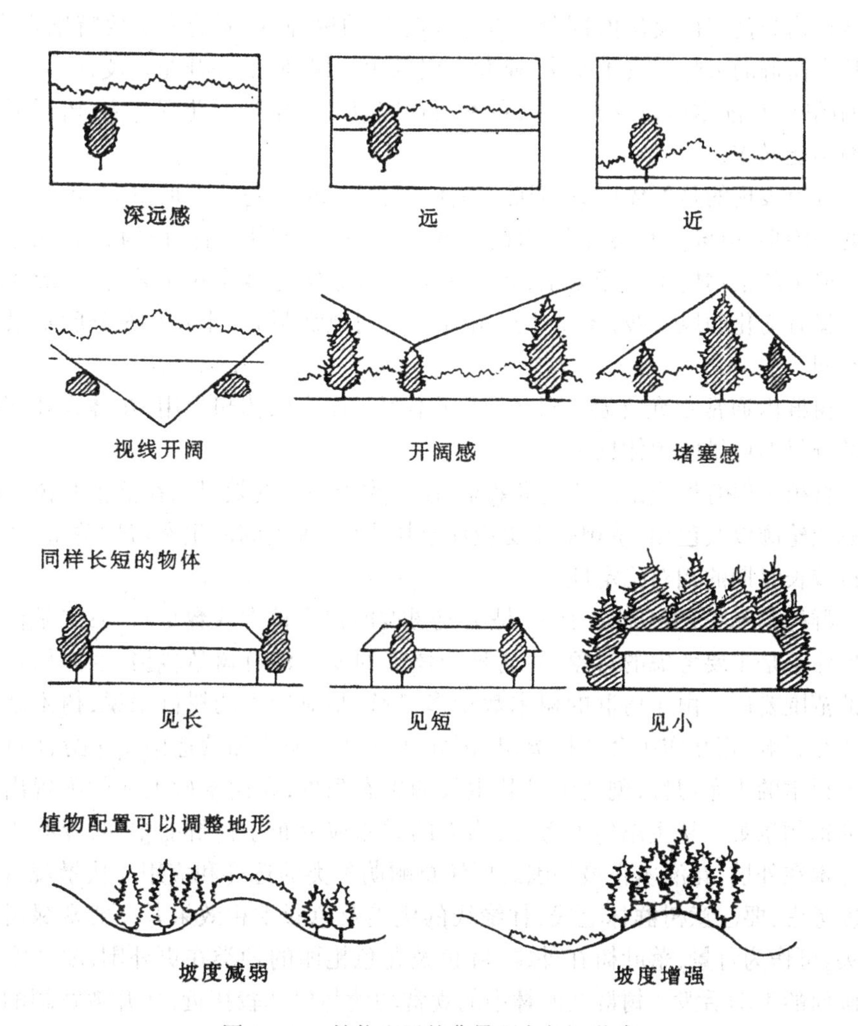

图 1－15 植物配置的背景距离与视觉感

丛植的树木不能太复杂,否则失去了丛植的特点,主景树的不同位置给人的视线感觉是不一样的,无论我们设计的区域有多大,通过不同的设计手法可以表现小中见大的效果,这也是传统园林常用的手法。

1.4.3.4 群植

由二三十株以至数百株的乔、灌木成群配植称为群植,形成的群体称为树群。树群可由单一树种组成,也可由数个树种组成,因此可分为单纯树群和混交树群两种。单纯树群由一种树木组成,可以应用宿根花卉作为地被植物。混交树群是树群的主要形式。混交树群分为五个部分,即乔木层、亚乔木层、大灌木层、小灌木层及多年生草本五个部分,每一层都要显露出来,其显露部分应该是该植物观赏特征突出的部分。乔木层选用的树种、树冠的姿态要特别丰富,使整个树群的天际线富于变化;亚乔木层选用的树种,最好开花繁茂,或者具有美丽的叶色;灌木应以花木为主;草本植物应以多年生野生花卉为主,树群下的土面不能暴露。

群植表现的是群体形象,因此,整体的外轮廓的形态应有所讲究,不能是实实的一团形,应该是有实有虚、有高有低、有层次、有起伏、有韵律的美感动线。

群植的植物树木不能太杂,要有主调。常绿树与落叶树穿插搭配,形成既统一又有变化的风景线,还要注意留有一定的观赏距离,让人有充分欣赏景观的空间。

树群内通常不允许游人进入,因而不利于作庇荫休憩之用,在林缘外部展开部分仍然可供庇荫休息用。

群植不但有形成景观的艺术效果,还有改善环境的效果。在群植时树群的林冠线轮廓以及色相、季相效果更应注意树木间、种类间的生态习性关系,才能保持较长时期的相对稳定性。

群植与丛植的区别在于:一是组成树群的树木种类或数量较多;二是树群的群体美是主要考虑的对象,对树种个体美的要求没有树丛严格,因而树种选择的范围要广。由于树群的树木数量多,特别是对较大的树群来说,树木之间的相互影响、相互作用会变得突出,因此在树群的配置和营造中要十分注意种种上树木的生态习性,创造满足其生长的生态条件,在此基础上才能配置出理想的植物景观。从生态角度考虑,高大的乔木应分布于树群的中间,亚乔木和小乔木在外层,花灌木在最外围。要注意耐荫种类的选择和应用。从景观营造角度考虑,要注意树群林冠线、林缘线的优美及色彩季相效果。一般常绿树在中央,可作为背景,落叶树在外缘,叶色及花色艳丽的种类在更外围,要注意配置画面的生动活泼。树群在园林中的观赏功能与树丛较接近,在开敞宽阔的草坪及小山坡上都可用作主景,尤其配置于滨水池畔效果更佳。由于树群树种多样,树木数量较大,尤其是形成群落景观的大树群具有极高的观赏价值,同时对城市环境质量的改善又有巨大的生态作用,因此是园林景观营造的常用方法。

群植组合的基本原则为,高度喜光的乔木层应该分布在中央,亚乔木在其四周,大灌木、小灌木在外缘,这样不致互相遮掩,但其各个方向的断面,不能向金字塔那样机械,树群的某些外缘可以配置一、两个树丛及几株孤植树。

树群内植物的栽植距离要有疏密的变化,要构成不等边三角形,切忌成行、成排、成带地栽植,常绿、落叶、观叶、观花的树木,其混交的组合,不可用带状混交,又因面积不大,不可用片状、块状混交,应该用复层混交及小块混交与点状混交相结合的方式。树群内,树木的组合必须很好地结合生态条件,第一层乔木,应该是阳性树,第二层亚乔木可以是半阴性的,种植在乔木庇荫下及北面的灌木可以是半阴性和阴性的。喜暖的植物应该配植在树群的南向和东南向。树群的外貌,要有高低起伏变化,要注意四季的季相变化和美观。

1.4.3.5 小树林(林植)

小树林是指达到一定绿化面积的树木群,它能让人们在穿越丛林过程中享受大自然美好的环境。树林式的栽植规模有大有小,有纯树林,也有混合树林。纯树林一般有竹林、杉木林、枫树林、松树林等;而混合树林则多种多样,因为是混合,所以有很大的自由性。

林中弯弯曲曲的小道就显得十分重要,它可以增添动感和美感。小道的两旁可栽植一些低矮花草,栽植的树木要注意具有一定的观赏性,这样可以增添游客的兴致,要让人在穿越林中小道时有一种特殊享受的感觉。

混合树林最好是常绿树与落叶树穿插栽植,乔木与灌木相间,栽植距离疏密相宜。冬天树林中有充分的阳光洒落,夏天有足够的绿荫遮挡,空气良好,使小树林成为人们喜爱穿行的空间。林中还可以刻意地栽植一些小鸟喜爱吃的结果树,加强林中的自然气氛,动听的鸟鸣声使树林更幽静,穿行在这样美丽的小树林中,不能说不是一种享受,心灵上可以得到最好的慰藉。林植分为密林和疏林两种。

(1)密林

密林的郁闭度在0.7~1.0之间,阳光很少透人林下,所以土壤湿度很大,地被植物含水量高、组织柔软脆弱,经不起踩踏,容易弄脏衣物,不便游人活动。密林又有单纯密林和混交密林之分。

①单纯密林。单纯密林是由一个树种组成的,它没有垂直郁闭景观美和丰富的季相变化。为了弥补这一缺点,可以采用异龄树种造林,结合利用起伏地形的变化,同样可以使林冠得到变化。林区外缘还可以配置同一树种的树群、树丛和孤植树,增强林缘线的曲折变化。林下配植一种或多种开花华丽的耐荫或半耐荫草本花卉,以及低矮开花繁茂的耐荫灌木。单纯林植一种花灌木可以取得简洁壮阔之美,多种混交可取得丰富多彩的季相变化。为了提高林下景观的艺术效果,水平郁闭度不可太高,最好在0.7~0.8之间,以利地下植被正常生长和增强可见度。

②混交密林。混交密林是一个具有多层结构的植物群落,大乔木、小乔木、大灌木、小灌木、高草、低草各自根据自己的生态要求和彼此相互依存的条件,

形成不同的层次,所以季相变化比较丰富。供游人欣赏的林缘部分,其垂直分层构图要十分突出,但也不能全部塞满,以致影响游人欣赏林下特有的幽邃深远之美。为了能使游人深入林地,密林内部可以有自然路通过,但沿路两旁垂直郁闭度不可太大,游人漫步其中犹如回到大自然中。必要时还可以留出大小不同的空旷草坪,利用林间溪流水体,种植水生花卉,再附设一些简单构筑物,以供游人做短暂的休息或躲避风雨之用,更觉意味深长。

密林种植,大面积的可采用片状混交,小面积的多采用点状混交,一般不用带状混交,同时要注意常绿与落叶、乔木林与灌木林的配合比例,以及植物对生态因子的要求。单纯密林和混交密林在艺术效果上各有特点,前者简洁壮阔,后者华丽多彩,两者相互衬托,特点更突出,因此不能偏废。但是从生物学的特性来看,混交密林比单纯密林好,故在园林中纯林不宜太多。

(2)疏林

疏林的郁闭度在0.4~0.6之间,常与草地相结合,故又称疏林草地。疏林草地是园林中应用最多的一种形式,不论是鸟语花香的春天,浓荫蔽日的夏天,或是晴空万里的秋天,游人总是喜欢在林间草地上休息,即使在白雪皑皑的严冬,疏林草地内仍然别具风味。所以疏林中的树种应具有较高的观赏价值,树冠应开展,树荫要疏朗,生长要强健,花和叶的色彩要丰富,树枝线条要曲折多变,树干美观,常绿树与落叶树搭配要合适。树木的种植要三、五成群,疏密相间,有断有续,错落有致。林下草坪应该含水量少,组织坚韧、耐践踏、不污染衣服,最好冬季不枯黄,尽可能让游人在草坪上活动,所以一般不修建园路。但是作为观赏用的嵌花草地疏林,就应该有路可通,不能让游人在草地上行走,为了能使林下花卉生长良好,乔木的树冠应疏朗一些,不宜过分郁闭。

2　景观设计构成

对每一个景观空间的设计都要从尺寸、形状、材料、色彩、使用功能等方面进行思考。景观环境由各个不同的功能空间组合形成,因此在设计中始终把握多样与统一原则是设计的关键,在强调局部构成要素的个性和特征时还要注意不失整体的共性和风格。在景观设计中景观植物是主要表现元素之一。

2.1　空间构成

通过各设计要素组成的围合就产生了空间。景观空间的区分围合是设计者根据具体使用功能及目的要求来决定的。围合的手法多种多样,如:用植物篱笆、围墙、建筑、遮挡物等切割空间。围合的高度不一样,产生的空间感觉就不同。围合高度高会使人感到空间狭窄,围合的高度低则感到空间开阔,这是因人的视觉范围限制而产生的心理映象,现将景观设计规划中的不同空间作如下介绍:

2.1.1　主次空间

在景观设计中、一般情况下都有主次空间之分。主空间是表现力最集中、客流量最多的重点景观空间,也就是"主景"。体现着园林景观的主题、特色、内涵及风格。次空间则是处在主空间之后的随从空间,与主空间互相联系,场景相呼应但不喧宾夺主,也称为"配景"。次空间不一定是一个,它随着设计范围大小、使用功能的繁简有时是多个。设计中应力求做到既有次空间的个性又不失主题的共性,有主有次、主次分明。在统一协调之下保持主次空间的功能与特色。主次布局的优与劣,所产生的效果是完全不一样的。它决定了整体环境将给使用者带来什么样的质感,处理得不好则单调枯燥乏味,相反处理得好则有主有次,层次丰富,即统一又有变化,景中有景,耐人寻味。

2.1.2　大小空间

大、小空间可产生鲜明对比。大、小空间反差越大,对比则越强烈。从小空间进入大空间,会感到心情豁然开朗;而从大空间进入小空间时则顿时有心理紧张感,且视觉会高度集中。根据上述心理进行设计,就会很好地利用大小空间采表现我们想要表现的景观。在景观设计中常常运用这一原理来着手布局整体空间,把握和支配观赏者的视觉心态,以此达到设计的真实意图。

2.1.3　虚实空间

虚实空间是相对而言的。建筑物体与植物两者相比,建筑物体为实、植物为虚；山与水则山实水虚、围墙与花窗、围墙为实花窗为虚。总之，虚代表一种空的，朦胧的、飘柔的、流动的、变化的，不易被人直接感知的，而实则代表物体实在的、不变的、固定的、易被感知的。虚与实的艺术表现手法在景观设计中运用很多。以虚衬实，以实破虚；实中有虚，虚中见实。目的都是丰富视觉感受，增添美感形式，加强审美效果。如：用植物的虚遮掩建筑的实，以虚衬实，使景观更加美丽动人。

2.1.4 流动空间

园林景观设计的好坏，全凭流动空间给人们带来的印象如何。流动空间在起主导作用。人们通过走动来体验景观整体空间的印象和感受。空间的相互渗透也是景观设计中常用的一个手法。景观空间发生连贯性的变化，使景观更有情趣、更有魅力。视觉变化丰富多彩，起到赏心悦目的作用。景观设计规划中有很多处理方法，如把不同意义的空间有机地串在一起，使景观园林的使用与观赏价值更丰富。

2.2 园路（游路）的构成

园路在景观设计中容易被忽视，一般意义上讲，只是解决通行的问题。实际上园路是景观构成的主要成分，它是整体景观的通脉串联着不同的空间景观，在庭园中起着重要的导向作用，因此不可小看。

园路是景观设计中的动线，起着引导景观的作用，可在移动中欣赏到不同的自然景观。因此，园路的设计要考虑到与景观的有机结合、步移景异，以位置的变动，视觉的变化带动心理的变化，以轻松愉快的心情来弥补步行的乏味。

园路还起着划分景观布局的作用，笔直的路，一眼望过去，景色尽收眼底，虽有畅快感，但也有局促感，给人紧张的感觉；园路弯曲，自然优美，与直路比较有缓和的轻柔感，但弯曲的程度超过一定限度时，则显得软弱无力，给人以造作的感觉，主题不突出。不同的规划设计采用不同形式的园路连接，使景观更加协调统一，具有独特的风格。

景观设计师在进行园路设计时，首先要考虑的是人流量以及是否通向主次景观来决定园路的宽窄。单人行走的小路宽不小于 60 cm，双人行走的小路一般为 1.2 ~ 1.5 m，园路的宽度不同决定它的铺装方法也不同。供车辆通行和行人通行的路也不同，小吨位和大吨位的车辆通行的路所采用的铺装方法与材料也不同。现代人在总结我国古典庭园的园路设计的同时，又增加了新的设计手法，使园路设计纹样更加丰富多样。

园路是景观设计中的脉络，它是主、次景点连接的纽带，因此园路也有主次之分，设计中应区别对待。面积大而开阔的景观环境，要注意园路的设计风格，注意景观的导向效果，注意线条的大气与流畅，做到分合自如，易于识别，切忌千篇一律。

园路设计主要有三种形式，规划式（含对称式）、自然式、规则式与自然式相结合的形式。园路设计时除考虑功能性外，还要考虑园内观赏者的需要，阳光和风的因素，考虑到使路面排水方便等问题，尽可能做到功能性强，设计合理、经济。

3 园林设计分类中的景观植物特点

园林设计的种类很多，大致分为传统式园林、现代公园、住宅小区、单位附属绿地、街道绿地等。景观植物在园林绿地系统中起着骨干作用。植物配置应在基本满足植物习性要求的基础上，按照适用、美观和经济等方面的综合需要，合理配置、组成相对稳定的人工植物群落。要做到合理配置植物，首先应最大程度地实现其美化环境、改善和保护环境的综合功能。同时要考虑植物的适用原则，适地适树，充分协调好植物外形美、色彩美，以及注意植物与周围环境、硬质景观的缓冲调和作用。

3.1 传统式园林

传统式园林即具有中国古典风格的园林。是受中国传统文化影响带有一定历史特色的园林，一般情况下，园林与同时代的文化艺术以及古典建筑风格紧密相连，不同时代，不同地域造园风格也不同，景观植物在传统园林中是古典建筑的一个主陪衬，体量相对的大，大致可以归纳如下：

3.1.1 传统园林的功能及特征

功能：①赏心悦目、休憩养性；②户外健康活动；③植物景观的观赏；④改善环境；⑤娱乐游戏。

特征：传统园林大多是以建筑（亭、台、阁、榭、楼、台、桥等）、山石、泉水、花木为主要元素构成的庭园，一般庭园占地面积不大，以皇家园林和私家园林为主，庭园造型以绘画为原本，把自然风景浓缩在有限的空间中，主要是以自然式的设计手法，追求诗情画意的艺术境界，强调一种细腻的，情景交融的美妙意境。其中蕴含了浓厚的中国传统文：化内涵，通过景观植物恰到好处的设计，体现的是步移景异、优美如画、丰富的视觉效果。自然效果主要来自植物、山石、泉水等构成主导及常用的借景、框景等造园手法，体现出了传统园林像一幅山水画的美妙意境。

3.1.1.1 传统园林的设计要点及景观植物的应用

（1）选取具有时代特点的古典建筑及有利地形造园

首先做现场踏察，特别是要了解现场有关古典建筑，如果有哪一个年代的建筑是否可以借用，造园可以在特定的条件下顺应环境氛围去搞初步设计，充分利用现有自然条件，扬长避短，发挥景观优势。切忌在现代建筑氛围里突然出现古典园林，不伦不类，破坏了园林整体的和谐性。

(2)测算园林使用功能及范围,合理布局空间

以人为本,围绕园林景观功能特点进行规则设计。

(3)园林景观植物在中国传统园林中被表现得相当充分,每一株树、每一株花的设计都恰到好处,以不同的角度看,每一株植物都有不同的形态

虽然传统园林是自然式的设计手法,但讲究的是主景、次景的灵活运用,树木之间没有固定的排列和一定的株行距,疏密不等,没有死角,某种程度上说"角"是造景的最佳利用部位,设计对角要精心,也是传统园林的一个看点,体现情景交融的传统隽秀的中国园林。

3.2 现代公园

公园是一个大概念,它的基本特征是为人们提供户外的绿色活动空间。随着社会的发展,公园成为普通人共同享有的休息空间,这也是与中国传统园林最大的区别。各种类型的公园是由公园名称来确定和区分的。如广场公园、儿童公园、运动公园、游乐公园、动、植物园、纪念公园等,人们了是根据公园的名称来认知公园的内涵的,虽然公园的内涵不一样,但公园的基本使用功能大致相同,只是体现突出的特点有所区别。

3.2.1 现代公园的功能及特征

功能:①休憩、养性调节心理;②户外健身;③植物、景观欣赏,陶冶性情;④绿化环境、调节空气、保持周围环境的生态平衡;⑤繁荣城市文化生活;⑥为防灾避难提供安全空地。

3.2.1.1 现代公园的设计要点及景观植物的应用

①作现场踏察,了解现地环境状况、掌握第一手资料。

②测算公园的使用人数及人群,合理划分功能空间。

③以人为本,围绕公园的功能定位进行规划设计,注意配备一定的便民设施,满足使用功能。

④根据公园的使用功能定位,按美学原理和不同的设计手法,打造公园的环境气氛,科学地提升公园的品味,突出专业公园的特点。利用景观植物达到科学、合理的植物配置效果,突出现代公园的明快与简洁。例如:用修剪整齐的绿篱来强调公园的围界,强调路的笔直与弯曲;在大面积草坪中点缀1~3株冠形丰满的大小不一的乔木,表现疏林草地的效果,是现代公园为紧张忙碌的人们开辟的一处休闲惬意的天然氧吧。

⑤根据经济条件,合理规划用地。

⑥绿化环境,保持生态平衡是公园景观植物设计的重点和主要任务。

⑦安全、便利、舒适、明快、经济、美观、绿化环保是设计的主体思想。

(1)广场公园中景观植物的应用

广场公园一般建立在城市的繁华地带、办公区中心、商业中心，又叫城市休闲绿地，主要是为购物、工作之余的人们提供休憩的场所。除此之外，还有公共使用功能。例如：小型集会、娱乐、安全避难场所。

广场公园周围通常人流不断，高楼密集空气质量差。公园的特点是绿化环保，自然的花草树丛可以调节城市环境，净化空气。在景观植物应用方面掌握如下原则：

①乔、灌、针、阔、剪型、花、草按比例协调搭配，一般情况下，针叶、阔叶的乔木类景观植物要占绿量50%，亚乔及灌木占绿量25%，剪型及花草占绿量的25%。总的绿量占广场公园的60%以上为好，才能达到调节周围环境质量的要求。

②简洁明快的设计原则。广场公园的周边环境一般较复杂，色彩繁杂、人流大，楼房的高度参差不齐。总之，公园背景凌乱，那么在景观植物设计时要力求树木剪型干净利落、线条分明。乔木树干笔直，树冠丰满，分枝点高；亚乔，灌木丰满组成很好的私密性效果，有效地阻隔，分隔空间。避免出现灌木，剪型树多的设计。应有效的利用广场公园的生态效应，提高城市环境质量。

③树种选择。按设计要求适地适树，以无害、无特殊气味、能够吸收城市污染气体的植物为主，花卉选择以花期长，管理粗放的为首选。

(2)儿童公园中景观植物的应用

儿童公园的服务对象主要是儿童，它是丰富儿童生活不可缺少的重要部分，这种公园既要有美丽、舒适、安全的自然环境，又要有适合少年儿童特点、富有吸引力的游戏器械，以及进行体育锻炼，科学活动的场所。其特征是具有趣味性，有适合孩子玩耍的游戏空间。不同年龄的儿童其生理、心理特征以及兴趣爱好、运动量都有所不同。因此，植物的设计要根据公园的不同功能分区而有所区别，具体可分为幼儿、学龄儿童、少年，让不同年龄的孩子都能找到自己喜爱的游戏内容，更好地发挥孩子天真烂漫的性格特征。为了培养活泼、开朗、爱运动的健康性格，我们首先要为孩子们创造良好的自然环境。

不同功能区的景观植物配置：

①游戏娱乐区。游戏是儿童天生喜爱的活动，游戏区也是儿童相对集中的地方，在进行景观植物配置设计时，要注意以下几个方面：

a. 景观植物与儿童运动，娱乐器械要保持3.0 m以上的距离并且以冠大荫浓的阔叶乔木为主，在炎炎夏季具有良好的遮荫效果。

b. 亚乔、灌木要选择无刺、无毒的树木品种，特别要选择枝叶茂盛的，有利于剪型(各种几何形状、和动物形状),突出本园区的服务对象。

c. 儿童游戏娱乐区周围应用紧密的树带或高篱、树墙与其他区分开,游乐设施即可分布置于庭荫树下集中摆放,也可将游乐设施分散设置在疏林之中。此区的植物布置于庭荫树下集中摆放,也可将游乐设施分散在疏林之中。此区的植物布置,要体现童话色彩,配置一些童话中的人物、动物雕塑、茅草屋、石洞、硬质钢网和藤本植物相结合的本色动物剪型、植物果实剪型等。利用景观植物枝干、叶色等不同部位的色彩变化进行环境营造是国内外儿童娱乐区内常用的造景方法,如可将多浆植物配植于鹅卵石旁,产生新奇的对比效果(多浆植物最好置于儿童不易靠近的地方),也可用鲜红色的路面铺装,直接营造出欢快的气氛。

②知识科普区。具有知识性的景观植物正越来越被人们所青睐,随着人们环保意识的增强,人们一边享受绿化带来的好环境的同时,也感到绿化环境的主要材料一景观植物的知识同样也要从儿童开始学习,例如:哪些植物是有毒的,哪些植物是对人类净化空气有利的,景观植物为什么叫景观树、花、草,它能长到现在需要哪些工序,怎样的培育过程。种一些奇异的花草树木、挂上植物名称牌(注明植物的科、属、种、生物学特性、生长习性)这样可以使孩子们在游乐、休息中认知植物,从小培养孩子热爱大自然,熟悉大自然。

③植物游戏区。本区植物配量以自然式绿化配置为主,植物配置大小、高矮灵活多变,针、阔叶树各占50%。有的时候可以在某些地段密植树丛,在视觉上给人以曲径通幽的感觉,对较大儿童是个极大的吸引,大多可以吸引他们去探险,走过幽深小径后是开阔的大草坪(疏林草地),给儿童带来一种柳暗花明又一村的惊喜之感,让儿童去接触用景观植物为他们建造的软迷宫,去接触大自然的质感,对他们的成长有利。景观植物可以设计有攀爬的、可以探险的野生区和水生植物的观赏区。

总之,儿童公园的植物设计在尊重景观植物的生物学特性的前提下,应尽可能采用冠大荫浓、可塑性强的树种,通过不同的设计手法、栽植手段在达到原有的绿化功能的同时,起到寓教于乐的多重功效。

(3)游乐公园中景观植物的应用

现代化的生活节奏、繁忙的工作带给人的是身心疲劳和精神紧张,因此出现了专门面向成人的游乐场所。游玩并不是孩子们的专利,成人也一样天生爱玩,只是深度、形式和内容要复杂一些。游乐公园的特征就是针对成人和青少年游戏趣味的游乐场所,其景观植物的应用应遵循如下原则:

①植物绿化的配置要充分,选择适宜的树木种类。例如:冠大荫浓的阔叶乔木如榕树、榆树、白桦、合欢、花楸、垂柳等在游乐器械硬质构件物之间营造美

丽的大自然环境，闹中有静，利用植物来分隔各游乐设施。同时要注意避免栽种有刺、有毒的植物。

②高大的乔木是游乐场的主干树种，应占 2/5 的种植量，还有 2/5 的种植量应被亚乔木、灌木占有，这些树种是景观植物的中间树种，如山杏、山梨、槐树、果树、丁香、榆叶梅、稠李，紫薇、多季玫瑰等等。上述树种或规则式，或自然式，或剪型种植，根据不同的使用功能，配植多种形式的栽植形式，符合游乐公园欢快、热闹的性质；另外 1/5 种植量是宿根花、草本花，它们是景观植物中最亮丽的植物材料，起着画龙点睛的作用，是整个公园内色彩的重点。花期、颜色，是树木无法相比的。

③游乐公园休闲区的景观植物设计首先要考虑的是休闲功能，以高大乔木遮荫为主，无障碍的大面积耐踏踩的草坪，配以剪型树木、不规则的花卉，四周用乔木、亚乔、花灌木分层种植的方式，组成绿墙将休闲区与游乐区自然的分开，此区的景观植物以观叶的植物为主，如茶条槭、白桦、樟子松、蒙古栎等。

④点缀式种植景观树，如在公园内的便利设施（停车场、饮水台、电话亭、休息坐椅、垃圾箱、公厕、服务亭）旁，这样可以使硬质景观更人性化。便利设施也是游人光顾最多的地方，夏季是游客最多的季节，所以在便利设施旁边栽种遮荫乔木是一举多得的事，既增加了园区内的绿量，又起到了遮荫的效果，同时也在有效的空间内调整了绿量与硬质景观的比例，改善了公园周边的城市生态环境质量。

（4）运动公园中景观植物的应用

运动公园是以多种体育活动为主体的运动场所，但又不同于运动场。它是以全民的，大众化的一般性运动为主要特征和内容，带有娱乐性质的公园。因此，提供一个具有优良自然的生态环境空间显得十分重要。大量的绿荫覆盖，可以为有氧运动提供优质环境。运动公园在城市公共绿地中建设规模有大有小，基本功能大体相似，不同年龄层的人都可以在运动公园找到适合自己的运动项目和活动空间。一般运动公园内容有：室内外游泳池、篮球场、足球场、自行车环道等，还要有大面积的疏林草地。其景观植物应用要遵循如下原则：

①以高大的乔木为主。因为运动公园的主要功能是人的运动，低矮的灌木会阻碍运动的进行，所以在运动场的周围应以乔木为主兼顾遮荫的功能。

②在运动场以外的公共绿地中，可以按照植物季相美的原理配置景观植物，乔、灌、草、花合理配置。

③避免种植有毒、有刺的植物，保证运动人的健康。

④见缝插绿，有效的利用绿地增加绿量。活动环境一定是绿化优质的环境，才能有比较好的健身效果。环境优美、绿树成荫、空气新鲜，无疑是健身性

的好地方，可在这样的环境中设置体育锻炼器材，方便大众健身。

(5)自然公园中景观植物的应用

自然公园是以自然生态为特色的风景公园。建造自然公园是以保护生态环境为目的造园行为。是以自然风光为主体的具有观赏价值的景观。少部分的人工设施一般为景观的保护设施和公共便利设施。自然公园景观植物的应用要遵循如下原则：

①保护自然生态环境。人类赖以生存的自然环境是保护和维系生命之泉。人类喜欢大自然的阳光，森林，河流和花草。在经济繁荣、人口剧增、环境污染严重的生存环境下，人们最渴望回到大自然的怀抱。自然公园既为人们提供了实现这一愿望的场所，又为人们的生活提供了优质的自然环境，同时也保护了自然环境。对调节城市的空气质量，净化水资源都有着很重要的作用。

②自然公园的景观植物(人工培育的)相对很少，它本身拥有相当面积的森林又叫自然林带(群)。在大自然中欣赏花草树木别具一番风情。因为植物是一切生物赖以生存的基础o

③自然公园本身的地势、植物群落就很丰富，一般需要移植的植物很少，它是大自然的默契，自然而美好，陶冶了心情，同时又促进了身体健康。例如：南京市唯一的自然森林公园——紫金山，黑龙江省五大连池地质公园，伊春市汤旺河森林地质公园等地越采越受到人们的喜爱。一年四季游人不断，每天都有上千人在此健身，可见自然公园的价值所在。

④在保护生态环境，体现自然风景的观赏价值的前提下，注意在不破坏自然景观的同时添加少量景观植物，以弥补自然景观的不足。

⑤自然公园添加的景观植物和人工设施在造型、材料的使用上要尽可能与自然接近，尽可能减少与大自然不和谐的景观出现。保持自然风格才能体现自然公园的特色。

(6)动物园中景观植物的应用

动物园顾名思义就是以观赏动物为主的娱乐公园，这是在城市中集中展出动物的主题性公园，也是进行动物科研和科学普及宣传的基地。动物园的功能主要是供参观、游览、进行科研和科学普及活动。如北京动物园、武汉动物园、番禺野生动物园、哈尔滨动物园。

动物园中景观植物的应用要遵循如下原则：

①围绕动物馆舍的位置来组织园内游览路线，在游路和主干道两侧要种植遮荫乔木，特别是在靠近动物外运动场、游人观赏动物的站点要点缀遮荫乔木，为动物和游人遮挡夏季的炎炎烈日，调节动物笼舍四周的温度和环境质量。

②动物园大都是人为建设的游园环境，不同的区域选择景观树的要求不

同。动物观赏区以乔、亚乔、剪型树为主,科学搭配;科普区以不规则剪型、乔木、灌木组织景观,植物剪型以平面、立体的动物剪型为主;其他功能区因势而造,树种选择以乡土树种为主。

(7)植物园中景观植物的应用

植物园大都位于城市的边缘,靠近城郊结合区域,地理位置稍远,环境质量和土地条件优良,是城市中集中栽培和展示植物的公园。我国只有不到10座的植物园,但都很具有代表性(地理位置),如北京植物园、沈阳植物园、黑龙江省植物园、昆明植物园、南京植物园等。

植物园的功能是创造一个以植物为主的园林,这里的每一个品种树木,每一株树都是做为景观植物来栽培和相互配置的,这里所有的植物都供人们游览参观,普及植物科学知识,同时也是植物科研的场所。在这里植物是主角,供游人休息的场所是配角,它是在不以破坏、干扰植物为前提下建设的。植物园一般根据植物的生长习性和生物特征划分植物群落,那么植物园的季相也会出现群落式的景色,非常优美,只是要注意相克植物的分隔,如杨树与落叶松不能相邻或相嵌式种植。植物园中植物的种植环境是否有利于该种植物的生长是第一位的,其次是考虑植物布置的艺术性。

(8)纪念性园林中景观植物的应用

纪念性园林是在历史名人活动过的地区或牺牲地、烈士墓地附近建设的有一定纪念意义的公园。其主要功能是供人们休息游览、凭吊和接受教育,如南京中山陵、广州黄花岗公园等等。

纪念性园林的景观植物应用以松柏类为骨干树种,在纪念碑两侧和正面的甬道两侧以对称式种植松柏类的景观植物为主,纪念碑周围点缀花卉,其他地方以亚乔、灌木、绿篱形成庄严、肃穆的怀念气氛。

(9)名胜古迹公园中景观植物的应用

这类公园以历史保留下来的文化艺术珍贵遗产为主题,是发展国内外旅游活动的重要场所,也是一个城市文化内涵的组成部分,其功能主要是供观光游览,了解当地历史文化,如圆明园、北京颐和园、天坛公园等。

这类公园中景观植物的应用以此地的古树名木为主,以补充、完善为辅,景观植物是名胜古迹的陪衬。

3.3 综合性公园

综合性公园是一个城市园林绿地系统的重要组成部分,是城市居民文化生活不可缺少的重要因素,是城市文明程度的标点。它不仅为城市提供大面积的绿地,而且具有丰富的户外游憩活动内容,适合于各种年龄和职业的城市居民进行一白或者半日游赏活动,提供人们交往、游憩、运动、娱乐的设施,是城市居民日常文化生活不可缺少的一项重要内容。它是群众性的文化教育、娱乐、休息的场所,并对城市面貌、环境保护、社会生活起着重要的作用。是集中面积最大、活动内容和游憩设施最完善的绿地。

真正按近代公园思路去构想并建设的第一座综合性公园是美国纽约中央公园,它由美国著名的风景园林设计者奥姆斯特德于1853年设计而成,全园面积340 hm^2。以田园风景、自然布置为特色,成为纽约市民游憩、娱乐的理想去处,也为近代公园绿地系统的发展奠定了基础。继纽约中央公园之后,世界各地的综合性公园在短短的一个多世纪里先后落成,如德国柏林的特列普托夫公园、英国伦敦的利奇蒙德公园、俄罗斯莫斯科的高尔基中央文化公园、美国亚特兰大的中心公园、澳大利亚的堪培拉联邦公园、朝鲜的平壤城市公园、韩国的奥林匹克公园等。

3.3.1 综合性公园的类型

根据我国的分类标准,综合性公园在城市中按其服务范围可分市级公园、区级公园。市级公园在较大的城市中,服务对象是全市居民,是全市公共绿地中集中面积最大、活动内容和游憩设施最完善的绿地。其用地属全市性公园绿地的一部分,公园面积一般在10 hm^2 以上,因市区居民总人数的多少而有所不同,其服务半径为2 ~3 km,步行30 ~50 min到达,乘坐公共汽车10 ~20 min可到达。区级公园的面积按该区居民的人数而定,园内一般也有比较丰富的内容和设施。一般在城市各区分别设置1 ~2处,其服务半径1 ~1.5 km,步行15 ~25 min可达,乘坐公共交通工具10 ~15 min可达。

3.3.2 综合性公园的植物景观营造原则

综合性公园的种植计划,要从公园的建设规划的总要求和公园的功能、环境保护、游人的活动以及树林庇荫条件等方面的要求出发,结合植物的生物学和生态学特性,力争植物布局的艺术性。

公园中各种用地的分配,要根据园中设置的各种功能分区、公园性质和各分区人流分配量来安排。经过对我国一些综合性公园的调查分析,在大型的综合性公园中绿地占公园陆地面积的75% ~80%,道路占5% ~10%,建筑用地占3% ~5%,其他用地占6% ~8%,这一用地比例是比较合理的。在同一公园的绿地面积中,草坪的面积占整个绿地面积的25% ~30%,乔、灌木占绿地面积的70% ~75%。而乔、灌木之间的用量比例视各功能区的需要而定。但是在进行公园种植的实际设计中,又因各种因素的限制而出现多种变化,所以上述的几组数字也只能作为设计时的参考,实际应用时还要因地制宜。

公园的绿化，就是用各种植物和草坪覆盖地面，既起到防尘、防噪音、防风等环保作用，形成清新和卫生的公园环境，同时也起到改善局部的小气候作用。但由于各功能区的要求不同，各功能分区的绿化要求也不一样。

综合性公园的植物景观营造必须从其综合的功能要求、全园的环境质量要求和游人活动休憩的要求出发。既要保证良好的环境生态效益，又要达到人工艺术美与天然美的和谐统一，其指导原则如下。

3.3.2.1　符合生态园林的思路

随着科技的飞速发展，人们日益面临着工业化和城市所带来的生存环境危机。在进行公园营造时，必须具有生态园林的思想，把公园作为一个能为人们提供市区环境良性循环的场所。在植物配植时要建立科学的人工植物群落结构、时间结构、空间结构和食物链结构，充分利用绿色植物调节生态平衡。因此，仅仅要求“黄土不露天”已经不够了，现代公园的营造目的是在与其他功能不矛盾的情况下，如何建立稳定的、层次种类较复杂的人工群落，以满足整个城市“呼吸”的需要。

3.3.2.2　满足人们游憩的需要

综合性公园作为城市公共绿地的一个重要组成部分，其主要功能之一就是满足市民业余时间游憩的要求。在植物配置时，要使空间有开有合，种植设计有疏有密。开阔的空间易于人们谈心、交流，以及开展一些集体性的娱乐活动；郁闭的小空间则利于人们独处、静思、放松。对于园路、服务设施等都要以能否满足人们游憩的需要为尺度进行植物配植。

3.3.2.3　运用园林美学原理

园林景观设计从本质上说是把园林植物及山石、小品、建筑等作为元素，运用美学原理而进行的一种创造性活动。公园的植物设计也不例外，它必须同园林美学相一致。园林美学主要包括单体美和群体美两个方面，单体美是指园林植物作为一种活的景观元素，有其枝、叶、花、果、姿态、色彩等美学特征，植物配植时必须尽可能地发挥出这些作用，向人们展示其美的一面。群体美是指不同的园林植物按高低、大小不同，依本身生态习性而错落有致地配植在一起，产生单体所不能替代的效果。这种群体美不仅表现为一个季节的群体美，同时也表现出四季分明的群体季相的美。

3.3.2.4　满足各功能区的需要

综合性公园一般要分成文化娱乐区、安静休息区、体育活动区、儿童游戏区等不同的功能区，以满足各种年龄层次城市居民的需要。因各区的服务对象和功能各异，故在植物景观设计时要区别对待，分别考虑，以保证充分发挥各区功能为目的，精心选择一些植物材料，科学合理地进行配植。

3.3.2.5　全园风格协调统一

综合性公园的植物景观设计应该有一个主题，支配、统一着全园的植物配植。植物的统一性对造园风格是很重要的。要营造自然式风格的公园，应选用易突出大自然天然景观的营造方式，反之则用规则式造园方式。但是，由于综合性公园的内容丰富，分区很多，各区之间的布局方式需要有一定的差异，在这种情况下，考虑统一性更为重要。当然这种统一是要求变化中的统一。在植物配植时可用基调树种加以统一，并注意各区与全园之间在景观上的合理过渡。

3.3.3　公园出入口规划与植物景观营造

综合性公园的出入口一般包括主入口、次入口和专用入口三种。主入口是为大多数游人出入公园而设，应朝向人流最多的城市主干道或广场，并与园中主要干道广场或构图中心的建筑相联系，一般直接或间接通向公园的中心区。主入口又是大量游人集散之处，因此，在入口处多设有园外和园内的集散广场，附近还需设必要的服务建筑及设施，如售票处、存车处、停车场等。次入口是供附近市民或小批量游人所用，对主入口起辅助作用，便于附近游人进入园中，一般设在游人流量较小但邻街的地方。专用人口是为专供园务管理的工作人员上下班而设，也有的在运动区等游人短时间内集聚较多的地方设置。

出入口的植物景观设计主要是为了更好地突出、装饰、美化出入口，使公园在入口处就能引人入胜。公园大门的绿化，应考虑到既丰富城市的街景，又要与大门的建筑相协调，还要突出公园的特色，能向游人展示其特色或造园风格。若出入口内外有较开阔的空间，园门建筑比较现代、高大的公园可以设丰富出入口景观的园林小品，如花坛、水池、喷泉、雕塑、花架、宣传牌、花境、花钵、灌丛、导游图和服务部等，意在突出园门的高大或华丽。如韩国奥林匹克国家公园的出入口，香港公园的出入口等。如果大门是规则式的建筑，则绿化也宜采用规则式的绿化配置。对于大门前的停车场四周可以用乔、灌木来绿化，以便于夏季遮荫和起到隔离环境的作用。

如若出入口的内外空间较狭小，这类出入口的景观设计应以高大的乔木为主，配以美丽的观花、观叶灌木或草花，以营造出一个较郁密优雅的小环境，如香港动植物园的入口处，指示牌竖立于色彩变化的林丛边缘，带给游人清新、幽静之感。

3.3.4　各功能区规划与植物景观设计

3.3.4.1　文化娱乐区

本区常有一些比较大型的建筑物、广场、雕塑等，一般地形比较平坦，绿化以花坛、花境、草坪为主，以便于游人的集散。在本区可以适当地点缀种植几种常绿的大乔木，而不宜多栽植灌木。树木的枝下净空间应大于2.2 m，以免影响交通安全视距和人流的通行。在大量游人活动较集中的地段,可设置开阔的大草坪。本区一般可采用规则式和混合式的绿化配置。

文化娱乐区是公园的功能区之一,它使游人通过游玩的方式进行文化教育和娱乐活动。其设施主要有展览馆、展览画廊、文娱室、音乐厅、露天剧场等。

文化娱乐区建筑设施较多,常位于全园的中部,是全园的布局重点。布置时要注意避免区内各项活动之间的相互干扰,要把人流量较多的大型娱乐项目安排在交通便利之处,以便快速集散游人。

文化娱乐区在艺术风格上与城市面貌比较接近,可以成为繁华的城市环境与自然的安静休息区的过渡,故要巧用地形,如在较大水面上设置水上活动,利用坡地设置露天剧场,利用林中大片空地设置音乐角等。

文化娱乐区的植物景观设计重点是如何利用高大的乔木把区内各项娱乐设施分隔开,如韩国某公园的文化娱乐区内,在茶座周围种植一些高大乔木,使其自成一个较独立的空间。日本某公园的常绿针叶林中开出大片空地,做成水体、山丘等微地形,成为音乐爱好者的乐园。另外该区在植物设计时,还要考虑其开放性的特点,在一些文化广场等公共场所,应多配植草坪或低矮花灌木,保证视野的通透性,利于游人之间相互交流。

此区主要通过游玩的方式进行文化教育和娱乐活动,因此,可设置展览馆、展览画廊、露天剧场、文娱室、阅览室、音乐厅、茶座等。由于园内一些主要建筑设置在这里,因此常位于公园的中部,成为公园布置的重点。布置时要注意避免区内各项活动之间的相互干扰,故要使有干扰的活动项目相互之间保持一定的距离,应利用树木、建筑、山石等加以隔离。群众性的娱乐项目常常人流量较多,而且集散的时间集中,所以要妥善地组织交通,需接近公园出入口或与出人口有方便的联系,以避免不必要的园内拥挤,用地达到 30 m^2/人为好。区内游人密度大,要考虑设置足够的道路、广场和生活服务设施。

3.3.4.2 观赏游览区

观赏游览区是以观赏、游览、参观为主,是公园中景色最优美的区域。此区往往选择山水景观优美之地,结合历史文物、名胜古迹,建造植物景观、专类花园、营造假山、溪流等,创造出美丽的自然景观。此区是相对安静的区域,也是游人喜欢的区域,为达到良好的观赏游览效果,要求游人在区内分布的密度较小,以人均游览面积 100 m^2 左右较为合适,所以本区在公园中占地面积大,是公园的重要组成部分。观赏游览区以生长健壮的几种树木作为骨干,突出周围环境的季相变化。在植物配置上根据地形的起伏而变化,在林间空地上可以建设一些由道路贯穿的亭、廊、花架、坐椅、凳等,并配合铺设相应面积的草坪。也可以在合适的地段设立如月季园、牡丹园、杜鹃园等专类花园。

观赏游览区往往选择地形、植被等比较优越的地段设计布置园林景观。观赏游览区行进参观路线的组织规划是十分重要的。道路的平、纵曲线，铺装材料，铺装纹样，宽度变化等都应适应景观展示、动态观赏的要求进行规划设计。在植物设计时，盛花植物配植在一起，形成花卉观赏区或专类园，让游人充分领略植物的美。如以水景为主，设计喷泉、瀑布、湖泊、溪流等，公园的水体可以种植荷花、睡莲等水生植物，创造优美的水景。在沿岸可种植较耐水湿的花卉或者点缀乔、灌木和小品建筑，以丰富水景，从而形成不同情调的景观。利用植物组成不同风格的群落，体现植物群体美。也可利用园林中借景手法，把园外的自然风景引入园内形成一体的壮丽景观。

在公园的小品建筑附近，可以设置花坛、花台、花境。沿墙可以利用各种花卉境域，成丛布置花灌木。门前种植冠大荫浓的大乔木或布置艺术性设计的花台、展览室、阅览室和游艺室，室内可以摆设一些耐荫的花卉。所有树木、花草的布置都要和小品建筑相协调，四季的色相变化要丰富多彩。

3.3.4.3 安静休息区

安静休息区是专供人们休息、散步、打拳、练气功、欣赏自然风景之处，在全园中占地面积最大，游人密度较小，且应与喧闹文化娱乐区等有一定的距离，一般选择原有树木较多、地形起伏多变之处，最好有高地、谷地、湖泊、河流等。该区的建筑布局宜散不宜聚，宜素雅不宜华丽，可结合自然风景，设立亭、台、榭、花架、曲廊等园林建筑。安静活动的设施应与喧闹的活动隔离，以防止活动时受声响的干扰，又因这里无大量的集中人流，故离主要出入口可以远些，用地应选择在原有树木最多、地形变化最复杂、景色最优美的地方。安静休息区往往要形成幽静的休憩环境，宜采用密林式的绿化，在密林中分布了很多的散步小路和自然式的林间草地和林下草地，也可以开辟多种专类花园。人们在密林、草地、专类花园和小溪下安静地散步休息，以自然式绿化配置为主，可在林间铺装小空地，沿路及空地要设置座椅，并配小雕塑等园林小品。也有直接做成疏林草地，使大草坪为游人提供大面积的自由空间。

3.3.4.4 儿童活动区

综合性公园中一般应单独划出儿童活动区，提供一个儿童游戏环境，与儿童公园相似，是儿童可以游玩、休息、锻炼身体、提高技能、培养兴趣和意志品质的场地空间，而且可以开展课余的各项活动，学习知识，开阔眼界。儿童活动区的面积不应太小，应有足够的空间和游戏设施，可规划游戏场、戏水池、沙池、滑梯、运动场、少年宫等。因为儿童对单个的游戏器械厌倦，应将游戏器械布置成一个循环的路径，儿童停留的时间可明显增加。设计要针对儿童心理、行为进行分析，包括游戏内容、游戏路线、游戏器械的款式颜色等对儿童意识的作用，另外尺度把握、高程变化、植物配植、标志等场地内容也应符合儿童行为心理特征。儿童活动区一般规划在主要入口或次要入口附近,便于儿童进园后就可以找到自己感兴趣的东西及有利于互动交流。

儿童活动区一般选择地形较平坦、日照良好、自然景色明快的地方。儿童活动区还要提供坐椅、坐凳等休息性的建筑物,供家长看护、等候之用。有条件的地方可以提供水环境,将带给儿童一个非常好的活动天地。

天然材料给予儿童接触自然的机会,野外大自然中能力和创造力的培养是很重要的。所以儿童活动区的植物选择很重要,植物种类应比较丰富,一些具有奇特叶、花、果之类的植物尤其适用于该区,以引起儿童对自然界的兴趣。但不宜采用带刺的树木,更不能用枝、叶等有毒的植物。

儿童活动区周围应用紧密的林带或绿篱、树墙与其他区分开,游乐设施附近应有高大的庭荫树提供良好的遮荫,也可把游乐设施分散在疏林之中。儿童活动区的植物布置,最好能体现出童话色彩,配置一些童话中的动物或人物雕像、茅草屋、石洞等。利用色彩进行景观设计是国内外儿童活动区内常用的造景方法。

儿童活动区应采用树木种类较多的生长健壮、冠大荫浓的乔木来绿化,避免使用有刺、有毒或有强烈刺激性、黏手的、有污染的植物。在儿童活动区的出入口可以配置一些雕像、花坛、山石或小喷泉等,配以体形优美、奇特、色彩鲜艳的灌木和花卉,活动场地铺设草坪,以增加儿童的活动兴趣。本区的四周要用密林或树墙与其他区域相隔离。

3.3.4.5　老人活动区

综合性公园中专设老人活动区,供老年人活跃晚年生活,开展政治、文化、体育活动。老人活动区应选在背风、向阳之处,为老人们提供充足的阳光。地形选择也应以平坦为宜,不应有较大的变化。

园林建筑设施布置要紧凑,如坐椅、躺椅、避风雨用的小亭、小阁的布局要具有较强的通透性和一定的耐用性,以满足老人们长期在此聊天、下棋等要求。另外,还要为老人提供晨练的空间。

老人活动区的植物景观设计应把老人的怀旧心理与返老还童的趣味性心理结合起来考虑,可选择一两株苍劲的古树点明主题。在植物选择上,应选一些具有杀菌能力或花朵芳香的植物,如桉树、侧柏、肉桂、柠檬、黄栌、雪松等能分泌杀菌素,净化活动区的空气;玉兰、腊梅、含笑、米兰、栀子、茉莉等能分泌芳香性物质,利于老人消除疲劳、保持愉悦的心情。

老人运动区的植物配置方式应以多种植物组成的落叶阔叶林为主,因它们不仅能营造夏季丰富的景观和荫凉的环境,而且能使冬季有较充足的阳光。另外，在一些道路的转弯处，应配植色彩鲜明的树种如红枫、金叶刺槐等，起到点缀、指示、引导的作用。

3.3.4.6　体育运动区

体育运动区位置可在公园的次人口处，既可防止人流过于拥挤，又方便了专门到公园运动的居民。该区地势应比较平坦，土壤坚实，便于铺装，利于排水，也可结合大面积的水面开展水上运动。

在运动场区内，应尽量用草坪覆盖，有条件的地方可直接把运动场地安排在大面积的草坪之中。在运动场的附近，尤其是林丛之中，应设座椅、花架等设施，配植美丽的观花植物，利于运动员休息。树种宜选择速生、高大挺拔、冠下整齐的。树种的色调要求单一化，不宜种植那些落花、落果和产生飞絮的树种，如悬铃木、垂柳、杨树等。球类运动场周围的绿化地，要离运动场5～6 m。在游泳池附近绿化可以设置一些花廊、花架，不要种植带刺或夏季落花落果的花木和易染病虫害、分蘖强的树种。日光浴场周围应铺设柔软而耐踩踏的草坪。本功能区最好用乔、灌木混交林相围与其他功能区隔离分开。本区绿化基本上采用规则式的绿化配置。

3.3.4.7　公园管理区

此区是工作人员进行管理、办公、组织生产、生活服务的专用区域。一般多设在园内较隐蔽的角落，不对游人开放，设有专门入口，同城市交通有较为方便的联系。管理区的植物配植多以规则式为主，当然也可以自然式布置，但要注意该区的建筑物在面向浏览区的一面应多植高大的乔木，以遮蔽公园内游人的视线。

3.3.5　园路规划与植物景观设计

园路是公园的重要组成部分之一，它承担着引导游人、连接各景区的功能。园路多依山傍水，绿化要起到点缀风景的作用，而不得妨碍视线。平地的园路可用乔灌木、树丛、绿篱、绿带来分割空间，使园路时隐时现，有高低起伏之感。园路交叉口是游人视线的焦点，可以用花灌木来点缀。山地的园路要根据地形的起伏，有疏有密地绿化。在有风景可观赏的山路外侧，可以密植或丛植乔、灌木，使山路隐蔽在丛林之中，形成林间小道，既不要影响交通的通行，又要形成一个景观。如休息广场的四周可以种植乔木、灌木，中间铺设草坪、花坛，形成平静祥和的气氛。另外，还可以根据游人活动的需要建立空旷铺装广场、林荫铺装广场、空旷草坪、林间草地和开放式活动草坪广场等。园路按其作用及性质的不同，一般分为主要道路、次要道路、散步小道三种类型。

3.3.5.1　主要道路

形成道路系统的主干，它依地形、地势、文化背景的不同而作不同形式的布置。中国园林中常以水面为中心，主路多沿水面曲折延伸，如北海公园、颐和园、紫竹院的主要道路布局依地势布置成自然式。

主路的宽度在4～5 m之间。两旁多布置左右不对称的行道树或修剪整形的灌木，也可不用行道树，结合花境和花坛可布置自然式树丛、树群。主路两边要有供游人休息的坐椅，坐椅附近种植高大的阔叶庭荫树以利于遮荫。公园内主要干道的绿化，可采用列植高大、荫浓的乔木，树下配植较耐荫的草坪植物，园路两旁可以用耐荫的花卉植物布置花境。

3。3.5.2　次要道路

宽度一般2～3 m。次要道路的布置要利于便捷地联系各区，沿路又要有一定的景色可观。可以利用各区的景色来丰富道路景观，也可以沿路布置林丛、灌丛、花境去美化道路。其目的都是要尽量营造出大自然的美丽景观。

3.3.5.3　散步小道

分布于全园各处，以安静休息区为最多，一般宽度在1.5～2m。散步小道两旁的植物景观应最亲近，两旁可布置一些小巧的园林小品，也可开辟小的封闭空间，配置乔、灌木，形成色彩丰富的树丛，散步小道是全园风景变化最细腻、最能体现公园游憩功能和人性设计的园路。

3.3.6　关于影响公园绿地种植施工的一些因素

3.3.6.1　公园种植的立地条件

立地条件的好坏，是影响种植乔、灌木和花草成活的重要条件之一。在一般情况下，公园的立地条件往往是不太好的，需要人为创造种植条件。种植前需要对种植点进行整地。如果在石砾较多、土层较薄的地方，则要施以客土，进行客土植树，为植物的后期生长创造一个良好的生境条件。

3.3.6.2　移植大树

在公园的绿化中，为了提高达到绿化的效果，一般在公园的重要地区，如大型建筑附近、庇荫广场、儿童活动区等，往往采用10年生长以上的大树来绿化。移植大树除要严格按照移栽大苗的技术要求进行外，在种植后，要特别注意大树的固定捆绑，尤其是大树根系尚未牢固扎实前，一定要用支架扎缚，此项工作在大风多的地区尤其要多加注意。

3.3.6.3　灌溉

在北方降雨量较少的地区植树绿化，一般都需要进行灌溉，植树后第一次灌水一定要灌足、灌透，合理地进行灌水管理。

3.3.6.4　公园的病虫害防治

公园的病虫害防治最理想的办法是采用生物防治。如果必须进行化学防治，应注意游人的安全。

3.4 住宅小区

住宅小区也称花园小区。在城市建设中，占相当比例的是房地产开发；一般来说，生活居住用地占城市用地的50% ~60%，而居住小区绿地占居住用地的30% ~60%，这么大面积的居住区绿地是城市绿化点、线、面相结合中的"面"上的重要一环，其面广量大，在城市绿化中分布最广，最接近居民，最为居民所经常使用；人们喜欢生活、休息在花繁叶茂，富有生机，优美舒适的环境中，尤其是老人、儿童、家庭妇女的大部分时间是在家中度过的，随着信息时代的到来在家办公也日益离上班族越来越近。除了舒适的智能型家居外，更要求居住区环境"园林化"，贴近自然，成为天然绿色家园。今后良好的居住环境将逐渐成为人们生活的第一要素。成为居民生活中不可缺少的一项内容。

3.4.1 居住区绿地类型

居住区绿地主要类型有居住区公共绿地、宅旁绿地、道路绿地及公共设施绿地等。

3.4.1.1 居住区公共绿地的景观植物配置

公共绿地是为全区居民公共使用的绿地，其位置适中、并靠近小区主路，适宜各年龄组的居民使用，其服务半径以不超过300 m为宜；具体应根据居住区不同的规划组织结构类型，设置相应的中心公共绿地。根据中心公共绿地大小不同，又分为居住区公园、小游园、居住区单元绿地以及儿童游戏绿地和其他用途的公共绿地等。居住区公共绿地集中反映了小区绿地质量水平，一般要求有较高的规划设计水平和一定的艺术效果。

无论是上述哪种形式的绿地，在景观植物的应用上，乔木应占1/4，既可作为小区的行道树，也可群植或孤植。亚乔灌木占2/4、花卉占1/4，采用自然式、规则式相结合的设计手法配置最合适。线条流畅而不古板，植物的栽植既起到了生态绿化的作用也起到了楼宇间的阻隔视线的功能。

3.4.1.2 宅旁绿地的景观植物配置

也称宅间绿地，是最基本的绿地类型，多指在行列式建筑前后两排住宅之间的绿地，其大小和宽度决定于楼间距，一般包括宅前、宅后以及建筑物本身的绿化。它是居住区绿地内总面积最大，居民最常使用的一种绿地形式，尤其是对学龄前儿童和老人。宅旁绿化应以乔木1/3，亚乔、灌木1/3，剪型花卉1/3的最佳比例搭配景观植物，无论是规则式还是自然式的设计，一般采用自然式的景观植物布置方式居多，因为此种形式克服了楼宇线条规则式的古板线条，在视觉上缓冲了模式化的感觉。

3.4.1.3 道路绿地的景观植物配置

居住区道路绿地是指居住区内道路线以内的绿地，靠近城市干道，具有遮荫防护、丰富道路景观等功能，根据道路的分级、地形、交通情况等进行布置。此绿地的景观植物配置以乔木、灌木（剪型植物）、花、草复层式风格设计为主，景观植物分层栽植、与外部形成了良好的分隔带，也可做成居住区的自然式的景观道。

3.4.1.4 公共设施绿地的景观植物配置

各类公共建筑和公共设施四周的绿地称为公共设施绿地。例如：俱乐部、健身馆、运动场、商店、幼儿园等周围绿地，还有其他块状观赏绿地。其绿化布置要满足公共建筑和公共设施的功能性要求，并考虑与周围环境的关系。

绿地景观植物配置以亚乔、灌木为主基调树种，观赏性强为配置宗旨。此地人流量大、要选择管理粗放的树种，以增加绿量。

3.4.2 居住区绿地定额指标

居住区绿地的定额指标是指居住区中每个居民所占的园林绿地面积，用以反映一个居住区绿地数量的多少和质量的好坏，以及城市居民生活福利水平，也是评价城市环境质量的标准和城市居民精神文明的标志之一。表3－1为北京市示范居住区恩济里小区综合指标。

表3－1 北京市恩济里小区综合指标

项　　目	面积/hm^2	百分比/%	人均数/(m^2/人)
小区总用地	9.98	100.0	16.03
住宅用地	6.65	66.7	10.67
公建用地	2.109	21.1	3.39
道路用地	0.371	3.7	0.60
绿化用地	0.85	8.5	1.37

注：小区总建筑面积140 813 m^2；小区总人数6 226人，1 885户；居住建筑面积114 288 m^2；公共建筑面积218 900m^2；人口净密度936人/hm^2。

随着人民物质、文化水平的提高，不仅对居住建筑本身，而且对居住环境的要求也越来越高，居住区绿地定额指标则是衡量居住环境的一项重要数字，我国规定居住区绿地面积至少应占总用地的30%，一般新建区绿地率要在40%～60%，旧区改造不低于25%。

我国各地居住区绿地由于条件不同，差别较大（表3－2）。总的来说比较低。

表 3－2　我国若干城市居住区绿地比较表

居住区名称	用地面积/hm^2	绿地面积/hm^2	人均绿地/(m^2/人)
北京恩济里小区	9.98	0.85	1.37
北京小营四区	6.30	—	2.89
上海奉浦苑小区	10.62	1.48	6.11
上海嘉定桃园新村	8.43	1.46	3.24
上海三林苑小区	13.8	1.37	2.05
天津华苑居住	15。93	1.12	1.73
天津丁字沽三号路	87.62	9.66	2.53
昆明西华小区	9.08	1.21	2.01
广州江岭花园小区	13.49	1.78	3.01
常州青潭居住小区	32.00	3.95	2.08
大连后道街西小区	21.37	1.69	1.37
郑州绿云小区	12.56	0.656	1.39

为了使居住区的绿化水平能在居住区规划和建设中得以如实地反映，根据各居住区绿化的分类，通常使用居住区人均公共绿地、居住区绿地率、居住区绿化覆盖率等3个指标来衡量居住区绿地水平。

根据我国一些城市居住区规划建设实践，居住区公园用地在10 000 m^2 以上就可建成具有较明确的功能划分、较完善的游憩设施和容纳相应规模游人数的基本要求；用地4 000 m^2 以上的小游园，可以满足有一定的功能划分、一定的游憩活动设施和容纳相应游人数的基本要求；所以居住区公园的面积一般不小于1 hm^2，小区级小游园不小于0.4 hm^2。

3.5　单位附属绿地

单位附属绿地一般包括工矿企业、机关、学校、医院、军事交通设施绿地等，这些绿地在丰富人们的工作、生活，改善城市生态环境等方面起着重要的作用，该绿地又叫专属绿地，是一类很重要的社会组成部分，与人们的日常生活息息相关。

3.5.1　附属绿地的功能和作用

3.5.1.1　美化环境，树立良好的企业形象

景观植物丰富的色彩及季相的变化为企业增添了生机，活跃了人们的视觉

效果,良好的环境对外可以树立良好的企业形象,增强客户的认知感和信任度,同时也是现代企业经济实力的体现;对内可以陶冶职工的情操,使职工在花园式的环境中愉快的工作。

3.5.1.2 改善工作环境、提高健康水平

据不完全统计,城市职工人数约占全国人口的 8%,占城镇人口的 40%,工厂环境质量的好坏,直接影响工人的身心健康和劳动水平的发挥。

景观植物优美的外形和绿色对人的心理有镇静作用。据国外有关资料介绍,工人在车间劳动 4 h 后到有树木花草的环境中休息 15 min 就能恢复体力。良好的绿化环境可以提高生产率 15% ~ 20%,还可以减少工作事故 40% ~ 50%。另外,绿地在提高劳动生产率和保证产品质量等方面也具有明显作用。例如,电子元件厂、精密仪器厂、自采水厂、氧气站等对空气质量要求较高,为了减少空气中的含尘量,最好的办法就是大面积绿化,以无飞絮、无大量花粉漂浮的树种为主,如松柏类植物、樟树、桉树、橘树等能分泌杀菌素,起到抑制细菌的作用。所以,绿色植物能够调节人的紧张情绪,使人身心愉快对提高工作效率有积极作用。

3.5.1.3 改善生态环境、提高环境质量

随着城市工业化的发展,给社会带来了前所未有的社会进步,同时工业也是城市环境的最大污染源,有害物质污染空气,毒化水质,空气的含粉尘量增加,并产生不同强度的生活噪音,破坏宁静的环境。绿化对城市环境的改善是多方面的,主要有以下几个方面:

①吸收 CO_2,放出 O_2:工业生产以燃烧化学燃料放出大量的 CO_2,而绿色植物通过光合作用放出 O_2,改善了生态平衡。

②吸收有害气体,改善生态环境:工厂绿化对环境保护的作用是多方面的,主要包括吸收 CO_2,放出 O_2,吸收有害气体,阻隔和吸收放射性物质;吸滞烟灰和粉尘;杀菌;降低噪音,防火、防爆、隔离、隐蔽等。另外,某些景观植物对有害物质敏感的反应可起到监测环境的作用。

③调节和改善局部小气候:植物叶面的蒸腾作用能调节气温,调节湿度,吸收太阳辐射热,对改善企业小气候具有积极的作用。

④减弱噪音:绿色植物是降低噪音的重要措施之一,树叶表面的气孔和粗糙的毛,就像纤维吸音板,能把噪音吸收。

⑤创造经济效益:企业绿化的景观植物材料根据实际情况可以选择一些果树、油料树及药用植物,可以增加工矿企业的经济效益。例如,利用花坛、花池可种植芍药、牡丹,路旁种植连翘,小丘地可种植桃、李、梅、杏;有空地的企业可以种植剑麻、紫穗槐、泡桐等,它们有的是贵重药材,有的是油料作物,有的是编

织的好材料,这些植物材料既是绿化材料又可以直接创造经济效益。

3.5.2 企业绿化的要求

3.5.2.1 满足生产环境保护的要求

企业绿化应根据工厂的性质,生产规模、使用特点和环境条件等对绿化的场地进行规划。在设计时要考虑绿地的主要功能,不能因为绿化而影响生产的合理性,同时也要考虑绿化对环境的美化作用。因此企业绿化要以满足生产要求、改善生态环境为首要目的,兼顾美化环境进行植物配置。

3.5.2.2 满足适地适树的要求

根据绿地的使用功能、栽植地点的环境条件、树木的生态习性综合考虑,选择适合该企业环境要求的功能性树种。

3.5.2.3 有效利用可绿化的地段

企业单位的厂区是以生产用地为主,绿化用地为辅的用地结构,为了在单位区域内提高绿化面积,就要采取见缝插绿的方式,增加绿地面积,提高绿化率。

3.5.2.4 形成独特的企业绿化风格

企业所处的地理位置、企业生产的性质、用地条件决定了企业的绿化特点。例如:纪念性单位的绿化要以规则式绿化为主,景观树要以松、柏类树种为主;精密仪器生产单位要以不飞絮,无花粉的植物为主;文化性质单位要以自然式种植为主,树种选择以花期长、花色艳的树种做为首选,这样通过树种的选择和种植形式的不同,使企业绿化风格有自己独特的风格。

3.5.2.5 合理布局、系统绿化

无论是企业、还是对外服务的窗口单位如文化站、学校、图书馆,在绿化时首先要做到合理利用现有土地资源,确定整体绿化的骨干树种,使全区绿化统一中有变化,充分发挥植物的绿化、美化作用。

3.5.3 企业绿化中景观植物的应用

3.5.3.1 厂前区(主区)绿化

厂前区是企业的主区,一定程度上代表着工厂的形象,直接展示企业的精神面貌。一般情况下,厂前区都与城市的主干道或次干道相连,其厂容厂貌的好坏直接影响到城市的整体形象,因而对其绿化有较高的要求,在景观植物的应用上,要运用乔、灌、花、草、剪型等进行重点布置,使之具有严肃性、艺术性和观赏性,并考虑四季景观及夏季遮荫的需要。同时,厂前区还是职工上、下班,小型活动的场所,也是对外接待客户的首选之处,其绿化既要满足组织交通的要求,又要满足安全生产规范。

3.5.3.2 厂区内道路两旁的绿化

道路绿化在满足生产要求的同时,还要保证厂内交通运输的畅通。道路两旁的绿化应当起到阻挡灰尘、废气和噪音的作用,但以疏林草地式为宜,有利于灰尘及沼气的疏散。如受条件限制只能单侧种植景观植物时,尽可能种在南北向道路的两侧或东西向道路的南侧,以达到遮荫的作用。景观植物以亚乔、灌木和间植乔木为主,目的是简洁而达到使用功能。

道路绿化种植以乔木类为主,使人行道处在绿荫中。在乔木的下层,还可适当间植常绿灌木和花卉,丰富道路两侧的景观。

3.5.3.3 防尘隔离绿地

防尘隔离绿地一般设在厂区最外围与外界的交界处,主要作用是阻止有害气体、烟尘等污染物扩散到外界影响市民的健康,保持周边环境的清洁。

根据景观植物的不同配置方式,防尘林带的绿化布置形式有以下几种:

①通透式:由乔木组成,不配植亚乔和灌木;

②半通透式:以乔木为主,在林带两侧配植灌木;

③紧密式:由大乔木、亚乔木和灌木多种植物分层配植林带。树种以针阔搭配最为合理。

在防尘隔离绿地景观植物配置中要遵循以下原则:

①乡土树种优先的原则:成本低、适应条件快,植物栽植后损失少,既能达到保护功能,又能给当地带来经济收入,易于形成地方特色。

②适地适树的原则:苗木来源丰富,成本低、易于成活、易于管理,对当地土壤的适应性强,降低了抚育管理的成本。

③经济合理适用性的原则:选材上要注意有投入有产出的品种,例如果树类、经济作物和编织用材的植物多用些,既能达到绿化效果,又有经济收入,同时也有利于投入、产出的良性循环。

3.5.3.4 休闲区绿地

厂区内远离厂前区和人流集中的办公区的地方,主要功能是满足职工业余休息、放松、锻炼的需要。此区需按照不同的心理要求进行植物配置。例如,高强度的生产单位,则休闲区环境要以宁静的、淡雅的、没有刺激性的设计为主,用高大乔木、亚乔木、灌木分层组成隔离林带,与外界的生产环境相分隔,近距离内植物易选择枝叶柔软的观叶植物。当生产环境处在安静、单调的环境条件下时,休闲区的设计要相对色调艳丽、明快,视觉冲击力强的树木和花卉要近距离栽植。在休闲区内要布置散步用的弯曲小路,铺装最好采用与厂区内大面积的铺装反差较大的材质,在区别中刺激人的感觉反射,满足人们的感觉需要:达到调节休息的目的。

3.5.3.5　厂区内常用的抗污染绿化景观植物

抗二氧化硫:大叶黄杨、泡桐、山茶、小叶女贞、枸杞、合欢、刺槐等。

抗氯气:杨树、合欢、小叶女贞、桑树、杜仲等。

抗氨气:女贞、朴树、石榴、紫荆、皂荚、木槿、紫薇等。

抗臭氧:悬铃木、枫杨、刺槐、银杏、连翘、冬青等。

抗尘:樟树、女贞、青冈栎、冬青、夹竹桃、石榴、榆树、木槿等。

抗二氧化硫:苹果、郁李、雪松、樱花、贴梗海棠等。

抗氯气:枫杨、核桃、紫椴、樟子松等。

抗乙烯:月季、大叶黄杨、刺槐、臭椿、合欢等。

3.5.3.6　有特殊要求的车间周围的绿化景观植物的选择应用

①有防火、防爆要求的车间及仓库周围绿化应以满足使用功能为主,在景观植物选择时要以植物枝叶水分含量大,不易燃烧或遇火燃烧时火焰少或含有低油脂含量的树种。种植时注意留出防火通道。

②某些贮水池、冷却塔、污水处理厂、深井等处的绿化,距离建筑物 2 m 以内可种植耐湿的草坪及花卉等利于检修工作进行的植物;种植常绿树要距离建筑物 2 m 以外,最外层可种植一些无飞絮、花粉、和翅果的阔叶树。在冷却池和塔的两侧应种大乔木,北向种常绿乔木,南向疏植大乔木,注意开敞,以利于气流通畅,减少热辐射,降低温度。此处应选用耐荫,耐湿树种。

③仓库堆放货物的场区周围的绿化,要选择分枝点高、树干通直、病虫害少的树种。不宜种植针叶树和含油脂较多的树种。仓库的绿化以稀疏栽植阔叶乔木为主,树的间距要稍大些,以 7 ~ 10 m 为宜,绿化形式以简洁为主。

装有可燃易燃物品的贮罐周围,绿化以草坪为主,在防护堤内不种植树木、花草。保证安全的易观察易操作性。

3.5.3.7　单位附属绿地树种规划原则

企业专属绿地具有双重目的:对厂区及周边环境保证功能是第一位的,美化作用是第二位的,因此景观树种规划的原则如下:

(1)确定本区域内绿化景观树的骨干树种和基调树种

确定必须是在调查研究和观察试验的基础上慎重选择,骨干树种选择的是否正确,对环境保护,反映厂区的面貌至关重要。厂区内的道路绿化是工厂绿化的骨架,是联系工厂各部分的纽带。一般情况下,工厂骨干树种选择,首先是道路绿化树种,尤其是行道树的选择,除了满足工厂绿化的一般要求外,还要求树形整齐、冠幅大、枝叶密、落果或飞毛少、发芽早、落叶晚、寿命长等。

基调树种对工厂环境的面貌和特色起决定作用,该树种用量大、分布广,要求抗性和耐用性强,适合工厂多数地区的栽植。

(2)确定适合生长的植物种类

在进行厂区规划设计时，首先对该地区的环境，原有植物的生长状况，厂区周边的植物种类进行全面调查，注意其在工厂环境条件下的生长情况，并对厂区环境，土壤 pH 等情况进行有针对性的试验比较，以便制定一套合理的植物选择范围。做到一次投入，加倍延长绿地的使用寿命，减少浪费，提高景观树的成活率，这就是景观设计常说的适地适树。

(3)合理利用不同类型的植物

无论采取哪种形式的绿化模式，植物种类的选择都是由乔木、灌木、攀缘植物、花卉、草坪等五大类组成。乔木树体高大，树冠覆盖面积广，因其分枝点高，树下可用于室外临时工作，如堆放等。乔木主要用于宽敞的厂前区、小广场道路两侧绿化，是工厂绿化景观植物规划部分的重点。

灌木抗性强适应面广，树形姿态优美，是工厂绿化美化不可缺少的基调树种。攀缘植物(藤本)主要用于垂直绿化，如棚、庭、墙体、篱垣，主要作用是防止水土流失、降低墙体温度和二次扬尘。

近年来，草坪被广泛的用于各种形式的绿化中，而且有面积越大越好的趋势。草坪无论在改善环境还是在创造景观方面都能起到较好的作用，但是大草坪在水分充足，湿度大的地区可以推广，在北方地区不宜提倡。

景观植物配置要按照生态学的原理规划设计多层结构：乔、灌、藤本、花、草、地被，构成复层混交人工植物群落。做到速生与慢生、喜光与耐荫，常绿与落叶相结合，这样可做到事半功倍，效果显著。

(4)确定合理的植物比例关系

合理的植物比例关系，就是常绿树与落叶树，速生树与慢生树，乔木与灌木的比例关系。它们各有优点，互相补充。

常绿树可以保证四季的景观效果，具有良好的防风、防尘作用；落叶树季相分明，使厂区环境有一个动态的变化，给人带来激情，落叶树中抗有害物质的植物品种较多。常绿树中尤其是针叶树吸收有害气体的能力，抗烟尘及吸滞尘埃的能力远不如落叶树。

速生树绿化效果快，容易成荫成林，但寿命短，例如杨树。速生树需用慢生树来更新，考虑到绿化的近、远期效果，应采用速生与慢生树搭配栽植。在布置树种时要避免相同习性的树种对阳光等营养成分的“争夺”。工厂的不同情况，决定了不同的绿化形式和树木配置比例，参考比例为乔木中速生树占 75%，慢生树占 25%。乔木多数体量大，灌木体量小，因此，乔木与灌木的比例以 1:3 ~ 1:5 为宜。

3.6 公共设施庭园绿化

校园、图书馆、医院、幼儿园这类公共设施服务半径大,人群集中面向社会。它的庭园绿化首先要符合本设施的个性特征,服务功能的不同决定了绿化风格的有别。

3.6.1 校园绿化

校园绿化以景观植物造景为主,主要目的是为师生创造一个防暑、防寒、防风、防尘、防噪音、相对宁静优美的学习、生活环境的活动场所。这些植物以其特有的美化和防护作用起到净化空气、减少噪音、调节气候等改善环境的功能。校园绿化面积一般应占总面积的50% ~70%,才能真正发挥绿化的生态效益。一般大专院校占地面积较大,地形高低富于变化,可采用规则与自然式相结合的布置方式;中小学校园大多地势平坦,面积有限,无法达到大学校园的绿量,则多用规则式进行因地制宜的布置。

3.6.1.1 校园绿化景观植物配置要点

①因地制宜,选择适宜的树木花草。

②采用乔、灌、花、草的有机组合和藤蔓类植物合理搭配的种植方式,充分利用绿地,增加绿化植物的层次。

③在局部绿地中,利用乔、灌木组织空间的功能,巧妙地开辟安静、优美的大小绿地空间,来满足师生晨读、游憩、课外运动等多种需求。

④不宜种植有刺激性气味,分泌毒液或带刺的植物。多选择乡土树种,常绿树与落叶树的比例以1:1 为宜。植物配置应表现较强的季节性、色彩鲜艳,使校园环境轻松、愉快。

3.6.1.2 校园绿地配置

大学校园用地一般分为建筑用地、学生生活区、教工生活区、体育运动场地等六类。

(1)主门,道路及围墙的环境绿化

学校的主门在校园建筑中具有举足轻重的作用,是学校的标志性建筑之一。一般情况下,主门与城市主干道相连,而主门向校园内进深100 ~200 m 的地方是校园主楼或标志性建筑,所以此区是校园绿化的重点。因其特殊的位置又要与街景相协调,一般采用规则式的绿化布局。以装饰性强的开敞式绿地为主,景观植物多配置花灌木和花草。在主道两侧种植绿篱、花灌木以及常绿乔木,使正门人口处四季常青;或种植花期较长,色彩艳丽的乔木,间植以灌木或剪型植物,以观赏植物色彩为主,给人以整洁、亮丽、活泼的感受。

校园内的道路绿化既要使道路成为校内联系各个区域的功能通道，又要体现不同功能分区的分界。它具有遮荫、防风、减少干扰、美化校园的作用，道路绿化的主要功能是遮荫，以无飞絮、飞毛的树种为主。

校园内的行道树沿道路纵轴线方面栽植。路面较宽时，行道树可在两边对植；路面较窄时，可在两侧交叉排列，或只在一侧种植。行道树绿带在宽度可以的情况下（ >5 m），可采用乔、灌，花、草相结合的配置方式，并在有条件的时候设置各种形状的花台、坐椅、花坛甚至凉亭、花架，使人行道与小游园相结合，形成多功能的复层校园绿化。

围墙绿化是相对独立的形式，可选择常绿或阔叶的乔、灌木或攀缘植物进行半封闭式的带状布置，形成绿色的带状围墙。南方学校比北方的效果好，这种形式的绿化可以大大减少风沙对学校的袭击和外界噪音的干扰。

同时围墙绿化也是一种垂直绿化，在围墙边种植攀缘植物，如地锦、凌霄、常春藤等，使植物爬满墙壁；也可以在围墙边种植枝叶稠密的树木，以树木的枝叶把墙面挡住。这类植物有女贞、圆柏、大叶黄杨等。

（2）教学区的环境绿化

办公楼、教学楼、实验室组成了教学区的主体，是学校主要的建筑及教学场所，此区的绿化以安静、整洁、线条流畅的规则式与自然式相结合的方式来组织空间。绿化布局形式要与主体建筑相协调，方便师生的通行。绿化树种的选择和种植方式应考虑室内的通风、采光的需要。高建筑物 8 m 以外可栽植高大乔木，背荫面可选用耐荫植物，靠近建筑物要栽植低矮灌木或宿根花卉。树种尽量丰富，建议有条件的校园应在每类植物上挂牌，标注树种的名称、特性、原产地、生长习性等，有利于养护和增加非专业学生的知识面。对于校园面积小，用地紧张的，要见缝插绿，特别要充分利用攀缘植物进行竖向绿化。

教学楼和办公楼周围绿化以植树为主，常绿树与落叶树相结合。楼大门两侧采用规则式布置乔木、亚乔木，在大楼的正前方如有空闲地可放置大块草坪，结合雕塑或精致的植物花坛，也可保留大块硬质地面铺装，做小型集散地。

实验楼绿化多采用规则式的布局，树种以吸滞灰尘、净化空气的品种为基调树种，以花灌木、草坪为主，或穿插布置绿篱及其剪型。靠近建筑物 2 m 以内不允许栽植高大的乔、灌木，以不超过一楼阳台的高度栽植灌木和花卉（宿根花卉为主），这样有利于通风和采光；在有化学污染物的实验室周围，要选一些抗污染的植物进行栽植，如女贞、皂角、夹竹桃等。

（3）生活区的绿化

校园生活区是由学生生活区和教职工生活区组成。此区的绿化宗旨是改善该地区气候，为师生营造一处整洁、安静、舒适、优美的生活环境。

通常情况下，学生宿舍人口密度大，绿化时要充分考虑室内采光和通风的要求，乔木必须离宿舍大楼 10 m 以上的距离，一楼窗口前靠近墙体处种植低矮花灌木、草坪，保证空气流通和自然采光的需要。宿舍楼的南向一般不做绿化考虑，而是建一处晒衣场。

教职工生活区是生活区的主要部分，生活区的设计要具备庇荫、游览、休息和活动的功能。在距建筑物 7 ~8 m 以外，可以考虑栽植乔木，最好结合道路绿化种植行道树。教职工生活区一般应设小型花园或小游园区域，供教职工业余时间休息、锻炼使用，同时也是净化空气必备的清洁功能林。

学校食堂作为特殊的功能建筑，它的绿化设计要从卫生、整洁、无飞絮，美观的实用功能出发，应多种植常绿植物，创造四季常绿景观，同时起到隔尘、防环境污染的作用。植物选择要采用生长健壮、无毒、无飞絮、无异味的树种。

(4)活动健身区的周边绿化

包括体育馆、各类球场。主要功能是满足师生进行体育锻炼。一般此类场所地点靠近生活区。在活动场地的外围可用隔离林带或疏林将其分隔，减少运动区对外界环境的影响，同时也不受外界的干扰。

无论哪类运动场的周边绿化都应以景观乔木为骨干树种，达到遮荫的目的。在树种选择上可选择季节变化大的树种，使运动场周围随季节的变化五彩缤纷。特别是在乔木下配置一些灌木、花卉，可以增添此处的植物动势与体育场的功能相吻合。在运动场周边、跑道的外侧栽植高大乔木，以供运动后的人们休息时庇荫。在运动场主看台两侧和入口两侧可采用低矮的常绿球形树及花卉布置。

(5)小型游园区的绿化

小型游园区一般布置在校园的附属用地，但他是校园绿化的重要组成部分，可根据学校的教学特点、利用合理布局突出本校特色。一般采取规则式与自然式相结合的形式布置绿化，有别于正门和主干道两侧规则式的绿化。

3.7 街道绿地

街道是城市的经济脉络，是交通的纽带。纵横交错的城市街道景观绿化是使城市鲜活起来的重要组成部分，体现了一个城市的文明程度和发展水平。城市整体形象离不开街道绿化景观的衬托。因此，街道绿化的好坏起到了表现城市形象的重要作用。

3.7.1 城市街道绿化的特征

街道绿化包括街道和街道两旁的绿化。其特征是沿着街道内外侧延伸，以列植树木为主要的绿化景观设计手法。街道可以借用街道两旁的绿化，加强某街道的个性化,突出这一街道的风格。个性化街道景观效果增加了这条街的可识别性,突出了这一街道的风格,同时也为人们带来了方便。如樱花大街、梧桐大街、杨树大街、雪松大街等等,突出了色彩形象不一的各种街道风情,形成了独特的植物风光,使城市的街景增添了一些浪漫,冲淡了硬质景观带来的沉闷。

3.7.2 街道绿化的功能

3.7.2.1 调节城市的空气质量和生态环境质量

在城市街道绿化中,树木的栽植是绿化的主要手段。自然界的绿色植物都有吸收 CO_2、放出 O_2 的光合作用,同时大部分的树木有吸收和分解车辆尾气的功能,可以净化城市的空气。大量的绿化有阻隔作用,可以降低城市的热岛效应,隔断声音的传播,所以配置密集的树木是城市街道绿化的首要工作,它可以通过植物的各种功能使我们的城市保持宁静、减弱噪音的污染。

3.7.2.2 美化城市

一条条街道的绿化,使整座城市变为道道风景线。丰富的植物使城市景观美丽而温柔。构成绿化的主要元素是树、花、草,不同的配置、不同的色彩、不同的线条组合给每一条街道镶嵌了不同的标记,共同组成了美丽的城市。

3.7.2.3 安全隔离的作用

人行道上的行道树除了夏天为人们遮风挡雨,还能阻挡风沙,最关键的是这样的隔离带使两旁的行人不能横穿马路,车辆行驶过程中因为绿化带的存在,而与行人有了安全距离。城市主干道中间的绿化隔离带,晚间可以避免相向而行的车灯相互间照射,降低事故隐患,保证安全行驶。

3.7.2.4 视觉导向作用

行道列植树木或街道中间的绿化隔离带,也有一定的视觉导向作用。同一个品种的列植延伸栽植,视觉清晰、方向感强,对道路上行驶的车辆来说,易辨认,行驶安全方便。

3.7.2.5 提供休息场所

街道围合成的街心绿地,可以封闭式的,也可以建成休闲式的开放型小绿地,为过往的行人提供方便的休息场所。

3.7.3 街道绿地的规划设计

3.7.3.1 街道绿地的组成

街道绿地包括人行道绿地、分车绿带、防护绿地、交通岗绿地、广场绿地、街头休息绿地等形式。在我国城市的道路中一般要占到总宽度的20% ~30%;其作用主要是为了美化街道环境,为居民提供休息、遮荫的场所。

3.7.3.2 街道绿地率

按照我国城市规划的有关规定标准:①城市街道景观路的绿地率不得小于

40%；②红线宽度大于 50 m 的道路绿地率不得小于 30%；③红线宽度在 40－50m的道路绿地率不得小于 25%；④红线宽度小于 40 m 的道路绿地率不得小于 20%。

3.7.3.3　行道树在街道绿地中的作用

行道树是街道绿地中最基本的组成部分，在温带及暖温带北部为了夏季遮荫，冬季街道能有良好的光照，常常选择落叶乔木作为行道树，在暖温带南部和亚热带则常种植常绿乔木以达到较好的遮荫作用。例如：我国北方城市哈尔滨是一个比较典型的寒温带气候，它的行道树 95% 都是阔叶乔木，常用的行道树有杨、柳、糖槭、榆、樟子松等，还有少量的蒙古栎；北京常用杨、柳、槐、椿、白蜡、油松等；南京常用梧桐、杨等。

许多城市都以本市市树作为行道树栽植的骨干树种，如北京以国槐，重庆以悬铃木等，既突出了城市特色，文发挥了乡土树种的作用。同时也根据不同植物的特点来增加街道的可识别性，形成各街道的植物特色。

(1)行道树的种植形式

①树带式：在人行道与车行道之间留出不小于 1.5 m 宽的种植带。除一行乔木必种植用来遮荫外，根据种植带的不同宽度，可以在行道树之间种植花灌木、花卉和草坪，或在乔木与铺装带之间种植绿篱来增强防护效果。如宽度为 2.5 m 的种植带可种植一行乔木，并在靠近车行道一侧种植一行绿篱；5.0 m 宽的种植带则可交错种植两行乔木，靠车行道一侧以防护为主，靠人行道、侧则以观赏为主。中间空地可栽植花灌木、花卉及其他地被植物。

②树池式：在街道狭窄、行人多的道路上常采用树池种植的方式种植行道树，树池形状一般为方形，其边长或直径不应小于 1.5 m，长方形树池短边不应小于 1.2 m；方形和长方形树池因较易和道路及建筑物取得协调故应用较广泛，圆形树池则常用于道路圆弧转弯处。为防止行人踩踏池土，保证行道树的正常生长，一般树池的边缘高度高于人行路面，或者与人行道高度持平，池内覆盖木碎片或散置石子于池中，以增加对行道树的保护和增加透气效果。树池的边缘高度可分三种：

a. 树池的边缘高出人行道面 8～10 cm。可减少行人践踏，保持土壤疏松，但在雨水多的地区排水困难，易造成积水。由于清扫困难，往往形成一个“垃圾池”。可以在树池内土壤上放一层粗沙，在沙上码放一些大河卵石，既保持地面平整、卫生，又可防止行人践踏造成土壤板结。

b. 树池的边缘和人行道路面相平。便于行人行走，但树池内土壤易被人踏实、影响水分渗透及空气流通，对树木生长不利。

c. 树池的边缘低于人行道路面。上面加盖池盖后与路面相平。加大通行能力，行人在上面行走不会踏实土壤，还可使雨水渗入。池盖多为铸铁、钢筋混凝土等制成，重量较大，清扫卫生时需要移动池盖增大了劳动强度，但对乔木根系可以起到很好的保护作用。

常用的树池形状有以下几种：

正方形：边长不小于1.5 m；

圆形：直径不小于1.5 m；

长方形：短边不小于1.2 m，通常采用(1.2～1.5)m×(1,9～2.2)m

树池之间的行道树绿带最好采用透气的路面材料铺装，例如：混凝土草皮砖，彩色混凝土透水透气性路面，透水性沥青铺地等，以利渗水通气，保证行道树生长和行人行走的行道树株行距。

③行道树定植株距：应以其树种壮年期冠幅为准，计算行道树株行距。最小种植株距应不小于4 m。株行距的确定要考虑树种的生长速度。如杨树类属速生树，寿命短，一般在道路上30年左右就需要更新。因此，种植胸径5 cm的杨树，株距定为4～6 m为宜。悬铃木也属速生树种，树冠直径可达20 m，种植胸径5 cm的树苗，株距6～8 m为宜。北京的槐树，属中慢生树，树冠直径可达20 m。种植胸径8～10 cm的槐树时将株距定在5 m左右，近期可达到郁闭程度，树龄20年左右可隔株间移，永久株距为10～12 m。

(2)行道树的定干高度

在交通干道上栽植的行道树要考虑到车辆通行时的净空高度要求，为公共交通创造靠站停泊接送乘客的方便，定干高度不宜低于3.5 m；通行双层大巴街道的行道树定干高度要相应提高，否则就会影响车辆通行，降低道路有郊宽度的使用。

非机动车和人行道之间的行道树考虑到行人来往通行的需要，定干高度不宜低于2.5 m。

(3)行道树树种选择的标准

①适应性强、抗病虫害能力强、苗木来源容易、成活率高。

②树龄长、树干通直、树姿端正、体形优美、冠大荫浓、春季发芽早、秋季落叶晚且整齐。

③花、果、叶无异味，无飞絮、无飞毛、无落果。

④分枝点高、可耐强度修剪、愈合能力强。

⑤选择无刺和深根性树种，不选择萌蘖力强和根系特别发达隆起的树种。

⑥种苗来源丰富，大苗移植易于成活。

⑦国内常用的行道树树种：台湾相思、三角枫、茶条槭、复叶槭、挪威槭、糖槭、欧洲七叶树、臭椿、欧洲桤木、合欢、白桦、梓树、朴树、美国流苏树、樟树、灯台树、凤凰木、大叶桉、杜仲、欧洲山毛榉、梧桐、美国白蜡、欧洲白蜡、水曲柳、银

杏、木棉、欧洲冬青、广玉兰、水杉、泡桐、马尾松、油松、白皮松、黄连木、悬铃木、毛白杨、青杨、小叶杨、加杨、东京樱花、枫杨、栓皮栎、旱柳、馒头柳、无患子、国槐、糠椴、蒙椴、美洲白榆、榆树、光叶榉、垂柳。

3.7.3.4　人行道绿地

自行车道边缘到建筑红线之间的绿地称为人行道绿地,又称路侧绿带,是街道绿地的重要组成部分,在街道绿地中一般占较大的比例,是构成道路绿化景观的重要地段。

人行道绿地常见的有三种:第一种是因建筑物与道路红线重合,路侧绿带毗邻建筑布设;第二种是建筑退让红线后留出人行道,路侧绿带位于两条人行道之间;第三种是建筑退让红线后在道路红线外侧留出绿地,路侧绿带与道路红线外侧绿地结合。

人行道绿地宽 2.5 m 左右时可种植一行乔木或乔、灌木间隔种植;宽度 6.0 m时可种植两行乔木;10 m 以上时可采用多种种植形式建成道路带状花园。一般地,绿化用地面积不得小于该段绿带总面积的 70%,路侧绿带与毗邻的其他绿地一起称为街旁游园。

人行道的布置通常对称布置在道路的两侧,但因地形、地貌或其他特殊情况也可两侧不等宽或不在一个平面上,或仅布置在道路一侧。道路红线与建筑线重合的路侧绿带种植设计,在建筑物或围墙的前面种植草皮、花卉、绿篱、灌木丛等。绿化种植主要起美化装饰和隔离作用,防止行人入内。绿化种植不要影响建筑物的通风和采光。树种选择时注意与建筑物的形式、颜色和墙面的质地等相协调。如在建筑立面颜色较深时,可适当布置花坛,取得鲜明对比;在建筑物拐角处,选择枝条柔软、自然生长的树种来缓冲建筑物生硬的线条。

绿带较窄或朝北高层建筑物前局部小气候条件恶劣、地下管线多、绿化困难的地带可考虑用耐荫的爬藤植物来装饰。爬藤植物(攀缘植物)可装饰墙面、栏杆或者用竹、铁等材料制作一些棚架后种植,增加绿量。

建筑退让红线后留出人行道,路侧绿带位于两条人行道之间的种植设计。一般商业中心或其他文化场所较多的道路旁设有两条人行道:一条靠近建筑物附近,供进出建筑物的人们使用;另一条靠近车行道,为穿越街道和过街行人使用。路侧绿带位于两条人行道之间,种植设计视绿带宽度和沿街的建筑物性质而定。——般街道或遮荫要求高的道路,可种植两行乔木;商业街要空出建筑物立面或橱窗时,绿带设计宜以观赏效果为主,应种植常绿树、开花灌木、剪型丛植、绿篱、花卉、草皮或设计成花坛群、花境等。

建筑退让红线后,在道路红线外侧留出绿地,路侧绿带与道路红线外侧绿地结合。道路红线外侧绿地有街旁游园、宅旁绿地、公共建筑前绿地等。这些性质的绿地虽不统计在道路绿化用地范围内，但能加强道路的绿化效果。因此，一些新建道路往往要求和道路绿化一并设计。

3.7.3.5　道路分车绿带的绿化

道路分车绿带是指车行道之间可以绿化的分隔带，其位于上下行机动车道之间的中间分车绿带，位于机动车与非机动车道之间或同方向行驶机动车道之间的为两侧分车绿带。它起着组织车辆分向、分流，起着疏导交通和安全隔离的作用。

分车带的宽度，因路而异，没有固定的尺寸。分车带宽度占道路总宽度的百分比也没有具体的规定，作为分车绿带最窄为1.5 m，常见的分车绿带为2.5～8.0 m，大于8.0 m宽的分车绿带可作为林荫路设计，加宽分车带的宽度，可使道路分隔更为明确，街景更加壮观。同时，为今后的道路拓宽留有余地，但也会使行人感到过街不方便。为便于行人过街，分车带应进行适当分段，一般以100 m左右为宜，尽可能与人行横道、停车站、大型商店和人流集中的公共建筑出入口相结合。

由于分车带靠近机动车道，距交通污染源最近，光照和热辐射强烈，土壤干旱、土层深度不够，并且土质较差，养护困难，因此应选择瘠耐薄、抗逆性强的景观树种。灌木宜采用片植方式，利用种内互助的内含性，提高抵御能力。

道路分车绿带布置形式与道路横断面的组成密切相关。从目前全国现有道路情况看，多采用一块板、两块板、三块板式，相应道路分车绿带也出现了一板两带、两板三带和三板四带以及四板五带式。

(1)一板两带式绿地

这种形式是最常见的道路绿地形式，中间是车行道，在车行道两侧的人行道上种植一行或多行行道树，其特点是简单整齐，对其管理方便。但当车行道较宽时遮荫效果比较差，相对单调。此种形式多用于城市支路或次要道路。宽度一般为1.0～2.0 m，行车速度控制在每小时15～25 km。可用单一的树种，也可在两株乔木之间夹种灌木。这是街道绿化最简单的方式。如果街道两旁明显不对称，即一旁临河或建筑等不宜栽树处，就只栽一行树。(图3－1)

图3－1　一板两带式

(2)二板三带式绿地

这种道路绿地形式，除在车行道两侧的人行道上种植行道树外，还用一条有一定宽度的分车绿带，把车行道分成双向行驶的两条车道。分车绿带中种植乔木，也可以只种植草坪、宿根花卉、花灌木。分车带宽度不宜小于2.5 m，以5 m以上景观效果为佳。这种道路形式在城市区干道和高速公路中应用较多。城市区干道反映的是不同性质区域内的骨干道路，如工业区、居民区、风景区等均可有自己的干道，宽度20～30 m，行车速度控制在每小时25～40 km。这种道路一般都在中心设宽2m以上的分车带，即绿化带。严格分开上、下行车辆，保证安全。分车带是最好的街道绿地，可铺设草坪，栽植灌木，甚至可栽1～2行乔木。(图3－2)

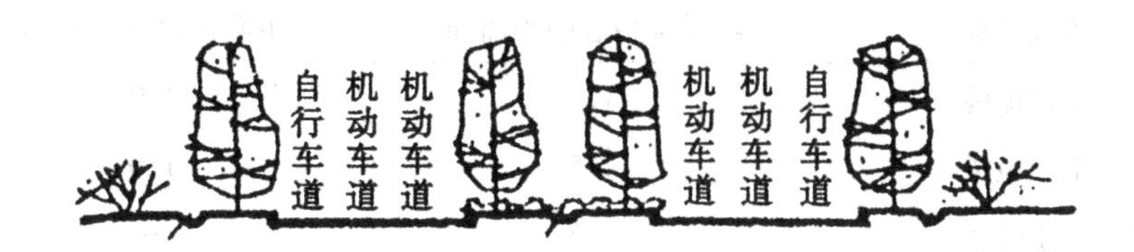

图3－2　两板三带式

(3)三板四带式绿地

用两条分车绿带把车行道分成3块，中间为机动车道，两侧为非机动车道，加上车行道两侧的行道树共4条绿带，绿化效果较好，并解决了机动车和非机动车混合行驶的矛盾。分车绿带以种植带1.5～2.5 m的花灌木或绿篱造型植物为主。分车带宽度在2.5 m以上时可种植乔木。主干道常常用这种形式来联系各主要功能区，宽度可达40 m以上，车速一般不超过每小时60 km。(图3－3)

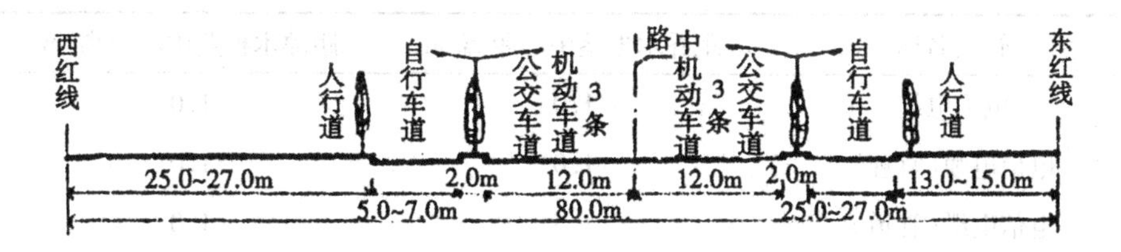

图3－3　三板四带式(北京市白颐路西外大街——学院南路段断面示意图)

(4)四板五带式绿地

利用3条分隔带将行车道分成4条，使机动车和非机动车都分成上、下行而各行其道互不干扰，车速安全有保障。这种道路形式适于车速较高的城市主干道或城市环路系统。

3.7.3.6　街道绿地与有关设施

(1)街道绿地与架空线:

在现代城市街道基础设施设计中,不允许在分车绿带与行道树上方架空线,这些线一律放在地下。如果必须架设时,应保证架空线下方与地面之间有9～10 m的树木生长空间。架空线下配置的乔木应选择开放形树冠或耐修剪的树木品种。

(2)街道绿地与地下管线:

新建或改建后达到规划红线宽度的道路,绿化树木与地下管线外缘的最小水平距离宜符合表3－3的规定,并且行道树的下方不得敷设管线。

表3－3　树木与地下管线外缘最小水平距离

管线名称	距乔木中心的距离/m	距灌木中心距离/m
电力电缆	1.0	1.0
电信电缆	1.5	1.0
给水管道	1.5	—
雨水管道	1.5	—
污水管道	1.5	—
燃气管道	1.2	1.2
热力管道	1.5	1.5
排水管道	1.0	—

当遇到特殊情况不能达到上表规定的标准时,其绿化树木根茎中心至地下管线外缘的最小距离可采用表3－4的规定。

表3－4　树木根颈中心至地下管线外缘最小距离

管线名称	距乔木根茎中心距离/m	距灌木根茎中心距离/m
电力电缆	1.0	1.0
电信电缆(直埋)	1.0	1.0
电信电缆(管道)	1.5	1.0
给水管道	1.5	1.0
雨水管道	1.5	1.0
污水管道	1.5	1.0

(3)街道绿地与其他设施:

树木与其他设施最小水平距离应符合表3－5。

表3-5 林木与其他设施最小水平距离

管线名称	距乔木中心距离/m	距灌木中心距离/m
低于2 m围墙	1.0	—
挡土墙	1.0	—
路灯灯柱	2.0	—
电力、电信灯柱	1.5	—
消防龙头	1.5	2.0
测量水焦点	2.0	2.0

3.7.3.7 街道中间分车绿带种植形式

(1)绿篱式

将绿带内密植常绿树,经过整形修剪,使其保持一定高度和形状,根据绿带宽度不同栽植绿篱的树种可以是1种,也可以是2~3种,组成不同的线条,丰富街道的色彩。这种形式栽植篱宽度大,行人穿越很难,而且由于树木间间隔小,杂草不易生长,管理容易。在车速不快的非主要交通干道上,绿篱可修剪成高低变化的形状或用不同种类的亚乔木、高大灌木经整型修剪植于绿篱中间。

(2)整形式

树木按固定的间隔排列,整齐划一。但路段一长就会有一种单调的感觉。

可采用改变树木种类、树木高度或者株距等方法丰富景观效果。这是目前城市街道绿化最普遍的方式。有用同一种类单株等距种植或片状种植;有用不同种类单株间隔种植,有用不同种类间隔片植等多种形式。

(3)图案式

将灌木片植修剪成几何图形,整齐美观,但选择树种一定要耐修剪,养护管理要求高。

3.7.3.8 街道绿地两侧分车绿带景观植物配植方式

①分车绿带宽度小于1.5 m时,绿带只能种植灌木、地被植物或草坪。

②分车绿带宽度等于1.5 m时,以种植乔木为主,以树冠开放型的树种为首选。因为遮荫效果好,施工和养护较容易。在两种景观乔木之间种植灌木,这种配置形式比较活泼,有跳跃感,易解除驾驶员的视觉疲劳。在乔木下选择耐荫的灌木和草坪种类,或适当加大乔木的株距。

③绿带宽度大于2.5 m时可采取落叶乔木、灌木、常绿树、片植剪型、花卉、草地等相互搭配的种植形式,丰富街道景色。

3.7.3.9 城区内交通岛绿化设计

(1)交通岛绿化设计

交通岛是指控制车流行驶路线和保护行人安全，布设在交叉口范围内车辆行驶路面上的岛屿状构造物，起到引导行车方向、组织交通的作用。

交通岛绿地是指可绿化的交通岛用地。交通岛绿地分为中心岛绿地、导向岛绿地和立体交叉绿地。其主要功能是诱导交通、美化市容。通过绿化辅助交通设施，起到分界线的作用。通过在交通岛周边的合理种植，可强化交通岛外缘的线形，有利于诱导驾驶员的行车视线，特别是在雪天、雾天、雨天，可弥补交通标志的不足。通过绿化与周围建筑群相互配合，使其空间色彩和体形的对比与变化达到互相烘托，美化街景。通过绿化吸收机动车的尾气和道路上的粉尘，改善道路环境卫生状况。交通岛边缘的植物配置，在行车视距范围内要采用通透式栽植，其边缘范围应根据道路交通相关数据确定。

(2)中心岛绿地

中心岛是设置在交叉口中央，用来组织左转弯车辆交通和分隔对向车流的交通岛，习惯称转盘。中心岛的开头主要取决于相交道路中心线角度、交通量大小和等级等具体条件，一般多用圆形，也有椭圆形、卵形、圆角方形和菱形等。常规中心岛直径在 25 m 以上。我国大、中城市多采用 40 ~ 80 m。

可绿化的中心岛用地称为中心岛绿地。中心岛绿化是道路绿化的一种特殊形式，原则上只具有观赏作用，不许游人进入的装饰性绿地。可布置成规则式、自然式、抽象式等。中心岛外侧汇集了多处路口，为了便于绕行车辆的驾驶员准确、快速识别路口，中心岛不宜密植乔木、常绿小乔木或大灌木，保持行车视线通透。绿化以草坪、花卉为主，或选用几种不同质感、不同颜色的低矮的常绿树、花灌木和草坪组成模纹花坛。图案应简洁，曲线应优美，色彩应明快，不要过于复杂、华丽，以免分散驾驶员的视力及行人驻足欣赏而影响交通，不利于安全。也可布置些修剪成形的小灌木丛，在中心种植 1 株或 1 丛观赏价值高的乔木加以强调。若交叉口外围有高层建筑时，图案设计还要考虑俯视效果。

位于主干道交叉口的中心岛因位置适中，人流量、车流量大，是城市的主要景点，可在其中以雕塑、市标、组合灯柱、立体花坛、花台等成为构图中心。但其体量、高度等不能遮挡视线。若中心岛面积很大，布置成街旁游园时，必须修建过街通道与道路连接，保证行车和游人安全。

(3)导向岛绿地

导向岛是用以指引行车方向、使车辆减速转弯、保证行车安全的。在环形交叉口、进出口、道路中间应设置交通导向岛，并延伸到道路中间隔离带。导向岛绿地是指位于交叉路口上可绿化的导向岛用地。导向岛绿化应选用地被植物、花坛或草坪，不可遮挡驾驶员视线。

(4)立体交叉绿地

立体交叉是指两条道路在不同的平面上的交叉。高速公路与城市各级道路交叉时、快速路与快速路交叉时必须采用立体交叉。大城市的主干路与主干路交叉时,视具体情况也可设置立体交叉。立体交叉使两条道路上的车流可各自保持其原来车速前进,互不干扰,是保证行车快速、安全的措施。但占地大、造价高,所以应选择占地少的立交形式。设计立体交叉绿地包括绿岛和立体交叉外围绿地。立体交叉绿地设计首先要服从立体交叉的交通功能,使行车视线通畅,突出绿地内交通标志,诱导行车,保证行车安全。例如,在车行交叉处要留出一定的视距,不种乔木,只种植低于驾驶员视线的灌木、绿篱、草坪和花卉;在弯道外侧种植成行的乔木,突出匝道附近动态曲线的优美,以诱导行车方向,并使司乘人员有一种心理安全感,弯道内侧绿化应保证视线通畅,不宜种遮挡视线的乔、灌木,使行车有一种舒适安全感。绿化设计应服从于整个道路的总体规划要求,要和整个道路的绿化相协调。立体交叉绿地绿化要根据各立体交叉的特点进行,通过绿化、装饰化增添立交处的景色,形成地区的标志,并能起到道路分界的作用。

绿地设计要与道路绿化及立体交叉口周围的建筑、广场等绿化相结合,形成一个整体。绿地设计应以植物为主,发挥植物的生态效益。为了适应驾驶员和乘客的瞬间观景的视觉要求,宜采用大色块的造景设计,布置力求简洁明快,与立交桥宏伟气势相协调。

植物配置上应同时考虑其功能性和景观性,尽量做到常绿树与落叶树结合,快长树与慢长树结合,乔、灌、草相结合。注意选用季相不同的植物,利用叶、花、果、枝条形成色彩对比强烈、层次丰富的景观。提高生态效益和景观效益。

匝道附近的绿地,由于上下行高差造成坡面,可在桥下至非机动车道或桥下人行道上修筑挡土墙,使匝道绿地保持一平面,便于植树、铺草。也可在匝道绿地上修筑台阶形成植物带。在匝道两侧绿地的角部,适当种植一些低矮的树丛、树球及三、五株小乔木以增强出入口的导向性。也可以在匝道绿地上修低挡墙,墙顶高出铺装面 60 ~ 80 cm,其余地面经人工修整后做成坡面。

绿岛是立体交叉中分隔出来的面积较大的绿地,多设计成开阔的草坪,草坪上点缀一些有较高观赏价值的孤植树、树丛、花灌木等形成疏朗开阔的绿化效果,或用宿根花卉、地被植物、低矮的常绿灌木等组成图案。最好不种植大量乔木或高篱,因为那样容易给人一种压抑感。桥下宜种植耐荫的地被植物,墙面进行垂直绿化。如果绿岛面积很大,在不影响交通安全的前提下,可设计成街旁游园,设置园路、坐椅等园林小品和休憩设施或纪念性建筑等,供人们做短时间休憩。

立体交叉外围绿地设计时要和周围的建筑物、道路和地下管线等密切配合。树种选择首先应以乡土树种为主,选择具有耐旱、耐寒、耐瘠薄特性的树种。能适应立体交叉绿地的粗放管理。此外,还应重视立体交叉形成的一些阴影部分的处理,耐荫植物和草皮不能正常生长的地方应改为硬质铺装,作自行车、机动车的停车场或修建一些小型服务设施。

4 园林景观植物在造园中的常用形式

景观植物是一切具有良好形态的,符合造园使用功能的,被园林景观设计师认可的园林造园应用的植物的总称,它包括乔木、灌木、地被植物、花卉。景观植物通过自身的形与色构成园林优美的景观,不同的景观植物的不同搭配形式会产生不同的环境效果,具体应用形式如下:

4.1 花坛

花坛是园林景观中常用的形式,也是一种古老的花卉应用方式。花坛原始的含义是把花期相同的多种花卉或不同颜色的同种花卉种植在规则的几何形或不规则形轮廓的种植床内并组成图案的一种花卉布置方法。它以突出植物鲜艳的色彩或精美的图案来体现花坛的装饰效果。随着近年来东西文化的交流,成功的设计方式的互相渗透,花坛的形式也日渐丰富,由最初的平面地床或沉床发展到斜面花坛、立体及活动等多种类型。

4.1.1 花坛的类型

4.1.1.1 按花坛的图案分类

按花坛的图案分类为:草花花坛、模纹花坛、造型花坛、造景花坛。

(1)草花花坛

草花花坛主要由观花草本花卉组成,表现盛花时期群植花卉的色彩美。可由同种花卉不同品系或不同花色的群体组成;也可由花色不同的多种花卉的群体组成。这种花坛在布置时不要求花卉种类繁多,而要求图案简洁鲜明、对比度强,常用植物有一串红、万寿菊、鸡冠花、三色堇、矮牵牛等等(一年生草花花坛);景天、美人蕉、大丽菊、地被菊、鸢尾等(宿根花花坛)。

有时宿根花和草花同时应用在一组花坛中,间接呈现春季和秋季的不同景色,不过南方地区的草花一年要换两次才能延续繁花似锦的效果。

(2)模纹花坛

模纹花坛主要由低矮的观叶植物和观花的植物组成,以植物群体构成精美图案或装饰纹样。主要包括地毯式花坛,浮雕式花坛和时钟式花坛等。地毯式花坛是由耐修剪的草本植物或矮小灌木组成一定的装饰性极强的图案,花坛表面被一个统一坡度进行平面修剪得十分平整,整个花坛纹样清晰且复杂,好像是一块华丽的地毯铺在地上。强调了植物色彩组成的线条美。浮雕花坛的表面是根据图案的不同要求,将植物修剪成凸出和凹陷的效果,整体具有浮雕的效果。时钟花坛是近年来才出现的有适用功能的图案式花坛,它是用植物组成时钟纹样,上面安装上可转动的时针,具有准确的报时功能,这种花坛经常被设计在城市公共绿地和公园的坡地上,具有广泛的时用性。这种形式的花坛是花坛形式的一个很大进步。

模纹花坛常用的植物材料有五色草、彩叶草、四季海棠、石莲花、火绒子、香雪球和一些耐修剪长势慢的灌木类。此类花坛在欧洲规则式花园中被广泛应用。近年来自然式园林中也有所借鉴,丰富了自然式园林的构图。

造型花坛:以动物、人物、实物等形象为花坛构图的主轴中心,通过骨架和各种植物材料组装成的花坛,主要用材以五色草及草花配料为骨干材料。这种花坛实际是平面模纹花坛与立体造型花坛的有机结合。例如:哈尔滨市园林管理处 1995 年赴香港参展的作品“万象更新”2000 年赴加拿大参展的作品“龙凤呈祥”等都是造型花坛的代表作。

(3)造景花坛

造景花坛又叫仿盆景式花坛。以自然界的景观作为花坛构图的内容,通过骨架和各种植物材料组装成山、水、亭、桥等小型山水园林或农家小院或江南园林等景观的花坛。这类花坛南方园林应用较多,以自然形状为主。

4.1.1.2　按空间位置分类

依空间位置可分为平面花坛、斜面花坛、立体花坛。

(1)平面花坛

花坛表面与地面平行,主要观赏花坛的平面效果,其中包括沉床花坛和稍高出地面的花坛。花丛花坛多为平面花坛、模纹花坛,多数的平面花卉花坛也属平面花坛。

(2)斜面花坛

花坛设置在斜坡或阶地上,也就是与人的视线有个最佳平视角度,也可搭成架子摆放各种花卉,形成一个以斜面为主要的观赏面。一般五色草栽植的模纹花坛、文字花坛、肖像花坛多采用斜面花坛。

(3)立体花坛

花坛向空间伸展、可以四面观赏,常见的造型花坛,造景花坛是立体花坛。

4.1.1.3　按花坛的布局和组合分类

按花坛的布局和组合可分为独立花坛、带状花坛、花坛群。

(1)独立花坛

独立花坛即单体花坛,一般设在较小的环境中,既可布置为平面形式,也可布置为立体形式,小巧别致。往往在绿地环境中起中心景区的作用。

(2)带状花坛

带状花坛一般指长短轴之比大于 4∶1 的长形花坛，可作为主景或配景，常设于道路的中央或两旁，以及作为建筑物的基部装饰或草坪的边饰物，有时也作为连续风景中的独立构图。

(3)花坛群

花坛群由两个以上的个体花坛组成的，在形式上可以相同也可以不同，但在构图及景观上具有统一性，多设置在较大的广场、草坪或大型的交通环岛上。

4.1.2 花坛的作用

从景观的角度来考虑，花坛具有美化环境的作用。从实用的方面来看，花坛则具有组织交通，划分空间的功能。

独立的花丛花坛可作主景应用，设立于广场中心、建筑物正前方、公园人口处、公共绿地中等。带状花坛通常作为配景。例如，在哈尔滨红旗大街转弯道的中心绿岛设计的“申奥花坛”，虽说此花坛只由申奥标和由草花、灌木、针叶树组成的有四季观赏价值的花坛，却把申办奥运的气氛渲染得淋漓尽致。这一有主题思想的花坛，还能起到公益性宣传的作用。

4.2 花坛的设计要点

花坛的作用灵活多样，既可作为主景，也可作为配景。鲜艳的色彩和形式的多样性决定了它在设计上有广泛的选择性。广场上布置花坛，一般不应超过广场面积的1/3，不小于广场面积的1/5。花坛外轮廓在广场面积很小时，应尽可能与广场取得一致，但细部的变化也是非常必要的。当广场面积很大时，因要考虑交通及游人的行走路线，花坛外形常与广场不一致。但内部又不乏线条与色彩的变化，体现出艺术的美。在树池中布置花坛，应依树池的形状而设，朴素、简练，没有繁琐的线条。又如在开阔的草坪上，设置外形多变的花坛，内部花卉植株却要求高矮一致，线条分明、以构成精美的图案。

花坛景观植物的选择有如下特点。

花坛景观植物的选择应根据花坛类型和观赏时期的不同而变化。盛花花坛应以草本观花的景观植物为主，而植物材料又宜选用矮生且花朵繁茂的品种。如用多种颜色的矮牵牛组成花坛，用土方找地势坡度，观赏效果极好。也可用花色丰富的小菊花组成各种形状的盛花花坛。

模纹花坛最好选择生长缓慢的多年生植物，同时要具有植株矮小、萌蘖性强、分枝密、叶小、耐修剪等特点。如法国凡乐赛宫附近市政厅的模纹花坛、由草坪、小叶红、绿草，矮雪轮等组成，图案清晰，具有地毯式的效果，提高了绿地的档次。

4.3 各类花坛的设计

4.3.1 盛花花坛设计

以观花草本为主,可以是一、二年生花卉,也可用多年生球根或宿根花卉。另外可适当选用少量常绿及观花小灌木作辅助材料。

以一、二年生花卉为组成花坛的主要材料,其种类繁多、色彩丰富、成本低廉。球根花卉也是盛花花坛的优良材料,开花整齐,但造价较高。花坛中的花卉应株丛紧密、开花繁茂,在盛开时应达到只见花不见叶的效果,花期较长且一致,至少保持一个季节的观赏期。植物材料要移植容易,缓苗较快。不同种花卉群体配置时,要考虑到花色、质感、株形,株高等特性的和谐。

盛花花坛表现的主题是花卉群体的色彩美,因此在色彩设计上要精心选择不同花色的花卉巧妙搭配。

4.3.1.1 盛花花坛常用的配色方法

(1)对比色应用

这种配色活泼而明快、红一绿、橙一蓝、黄一紫等,常见大面积出效果的花坛,多数是红色和绿色为主要色块构成盛花花坛

(2)暖色调应用

以暖色调花卉搭配,这种配色鲜艳,热烈。如果色彩亮度不够时,可用纯白色的花予以调整。如英国伦敦摄政公园的一个花坛群,以红、黄两个暖色调为主,加上少量的白雏菊和银灰色的雪叶菊,使色彩和谐。

(3)同色调应用

适用于小型花坛及花坛组,起装饰作用,一般不作为主景,如单纯的一串红或四季海棠形成的红色花坛非常醒目。

(4)多色系应用

这是最常用的一种花坛布置形式,最能够表现山花烂漫的色彩美。如用几种颜色的花巧妙组合在一起,会形成华美锦缎般流光溢彩的景观效果。不同色彩的夜景效果是不一样的,其中黄色是最明亮的花色,在灯光下最醒目。

色彩设计中要注意几点:配色不宜过多,要围绕其所表达的主题以及环境协调统一,注意色彩对人的视觉影响。

4.3.1.2 图案花坛的设计

将花坛的内、外部设计为一定的几何图形或几何图形的组合。花坛大小要根据周围环境设置尺寸。一般观赏轴线以 8 ~ 10 m 为度。图案十分简单的花坛面积可以稍放大,内设图案要简洁、明了,不宜在有限的面积上设计过分繁琐

的图案。

4.3.2 模纹花坛设计

模纹花坛是应用各种不同色彩的观叶植物或花、叶均美的植物，组成精致的图案纹样。模纹花坛要求图案清晰，有较长的稳定性。

4.3.2.1 景观植物的选择

景观植物的高度和形状对模纹花坛的纹样表现有密切关系。低矮、细密的植物才能形成精美的图案。因而对用于模纹花坛的植物材料有一定的要求，生长缓慢、植株矮小、耐修剪、耐移植、萌蘖性强、扦插易成活、易栽培、缓苗快等。如果是观花植物，要花小而繁多。

常见的用做模纹花坛的植物有大叶红、小叶红、白草、黑草、绿草、火绒子、石莲花、矮黄杨、四季海棠、半边莲、苏铁等。

4.3.2.2 色彩设计

模纹花坛的色彩设计应服从于图案，用植物色彩突出纹样，使之清晰而精美，用色块来组成不同形状。如英国的一些皇室花园常用各种颜色的多浆植物组成异常精美的模纹花坛，宛若做工精细的地毯。

4.3.2.3 图案设计

因为模纹式花坛内部的纹样繁杂华丽，所以植床的外形轮廓应相对简单，以着重体现其内部的美。为了清晰地表现图案，纹样要有一定宽度，依具体的图案而定。

模纩花坛内部图案可选择的内容很多，典型的有：

(1)文字花坛

包括各种宣传口号、庆祝节日、企业或展览会的名称等，一般常用小叶红、绿草等组成精美的文字花坛。

(2)肖像花坛

古今中外、各朝代的名人肖像、国徽、国旗等，都可用作花坛的题材，但设计时必须严格符合比例尺寸、不能任意改动，这种花坛多布置在庄严的场所。

(3)象征图案花坛

具有一定的象征意义，图案可以是具象的动物、花草、乐器等实体，也可以是抽象的，图案可以任意设计。

4.4 花坛的几何图形

花坛的几何图形参见图 4 – 1 ~ 图 4 – 13。

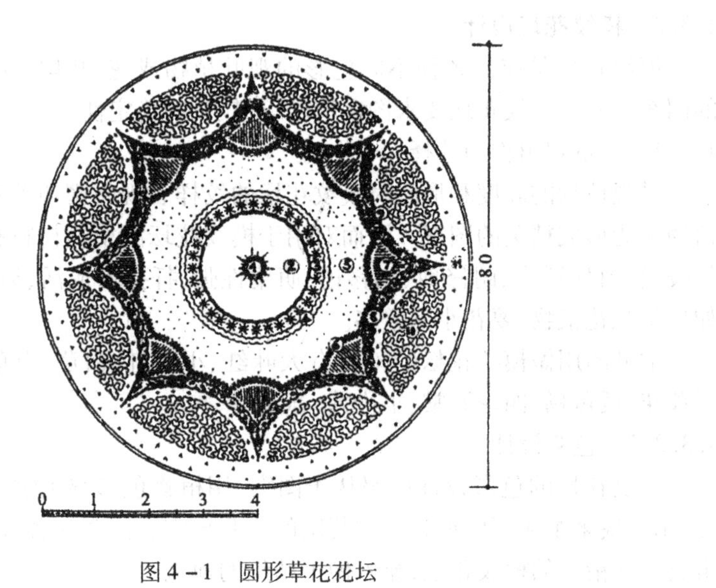

图 4－1　圆形草花花坛

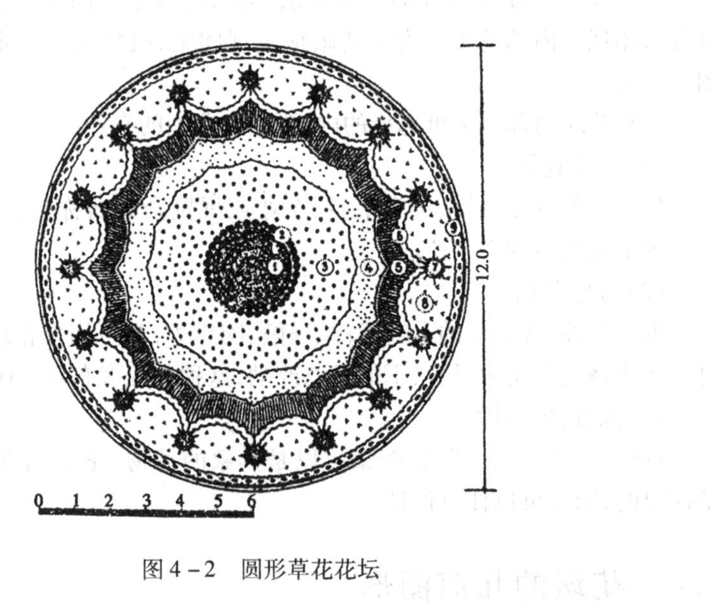

图 4－2　圆形草花花坛

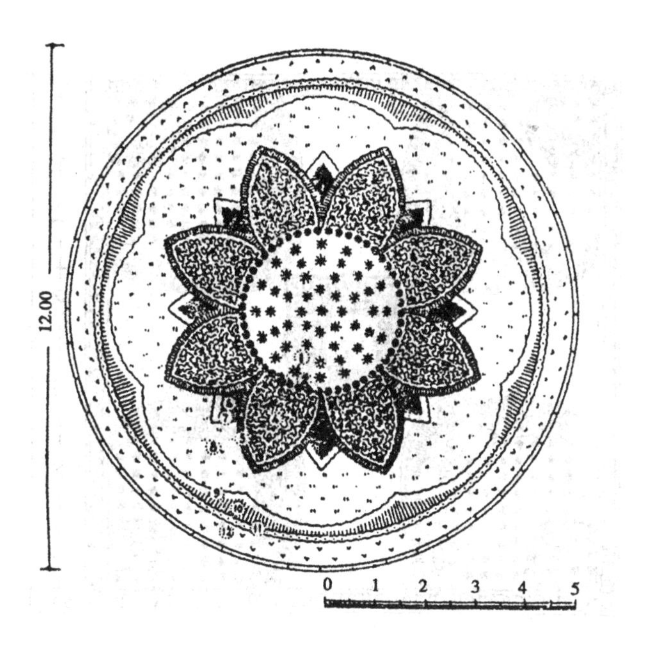

图 4－3　圆形草花花坛

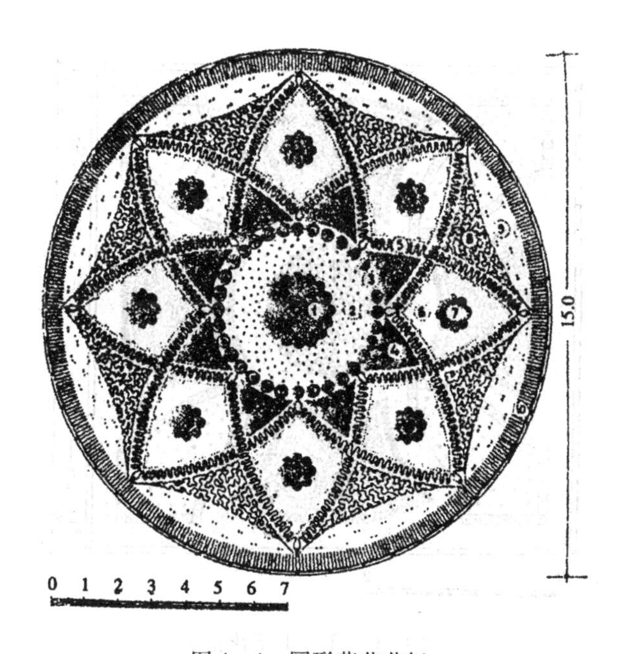

图 4－4　圆形草花花坛

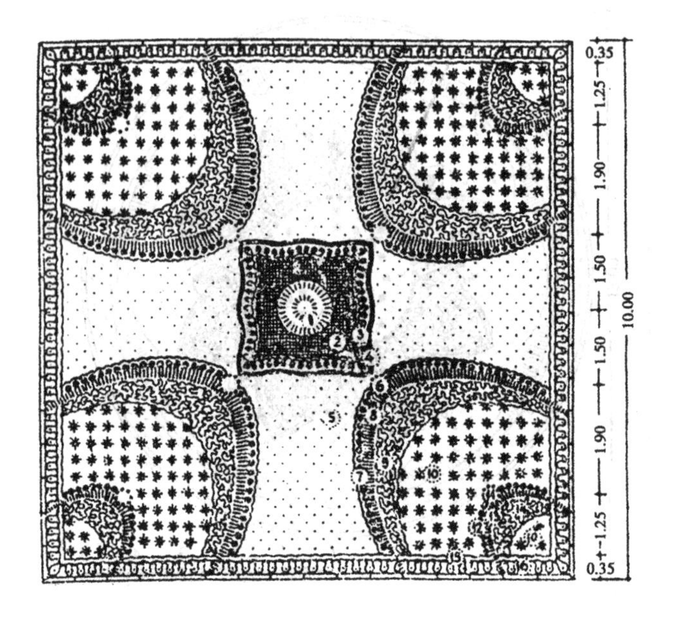

图 4－5　正方形草花花坛

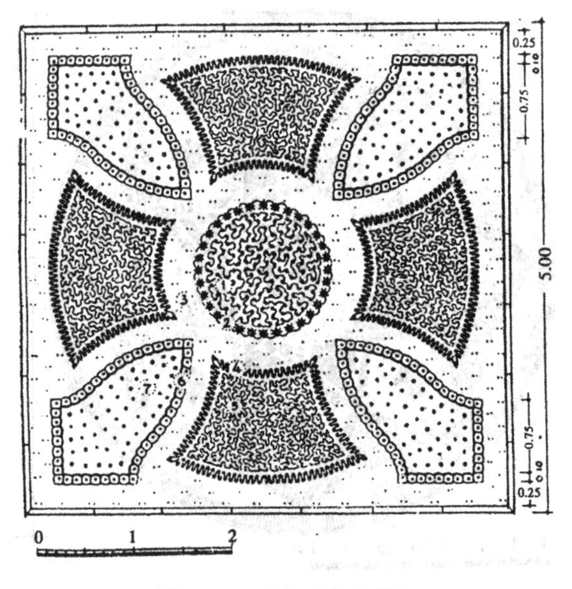

图 4－6　正方形草花花坛

图 4－7　正方形草花花坛

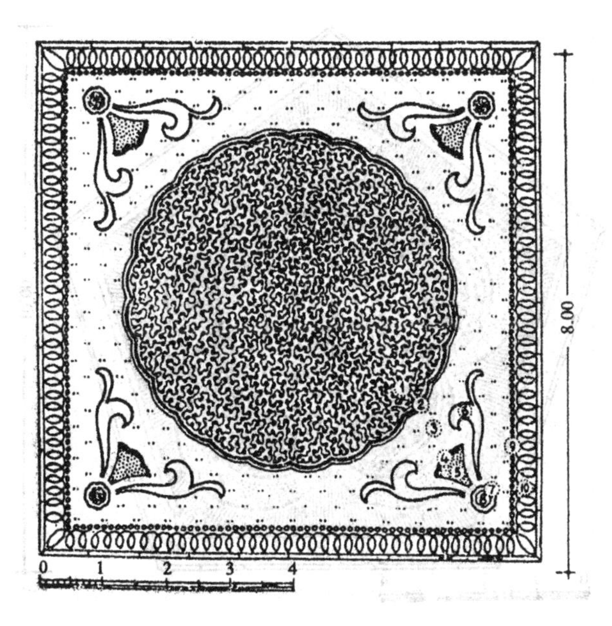

图 4－8　正方形草花花坛

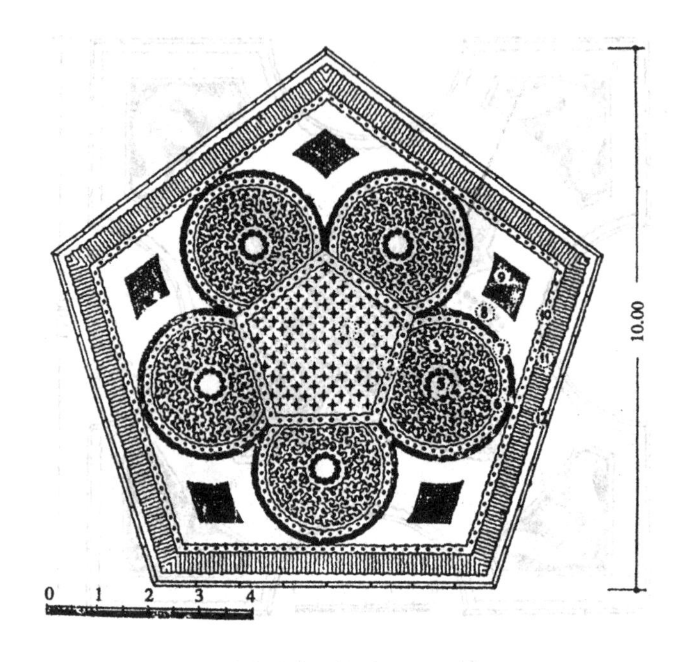

图 4 - 9　五边形草花花坛

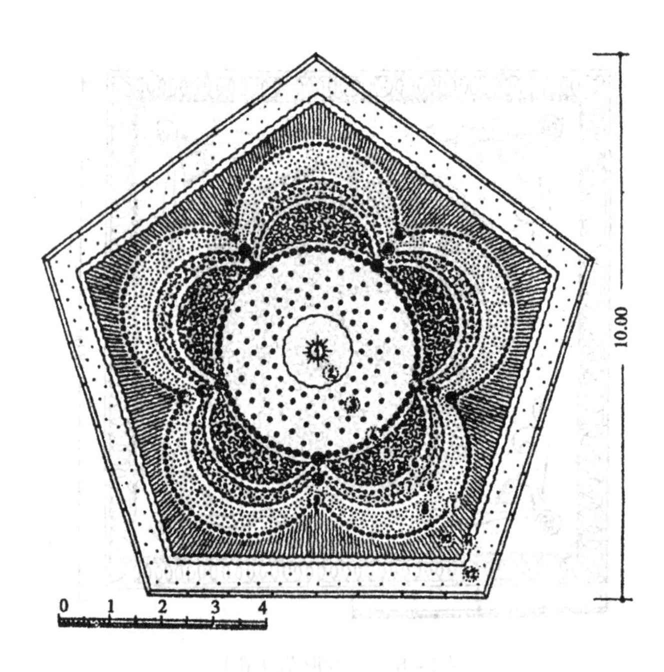

图 4 - 10　五边形草花花坛

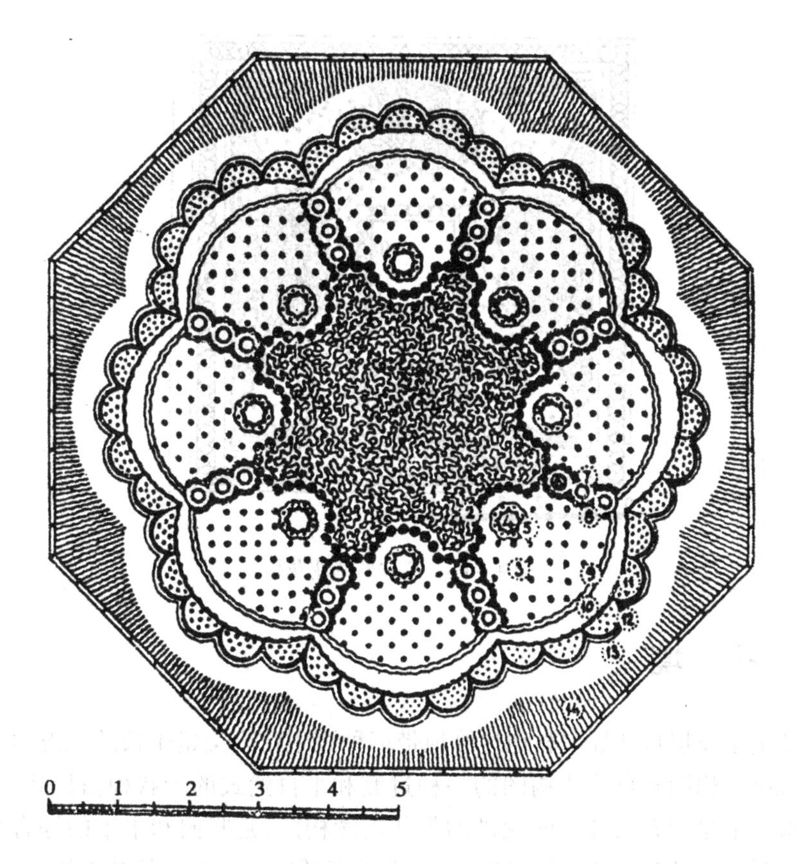

图 4－11　六边形草花花坛

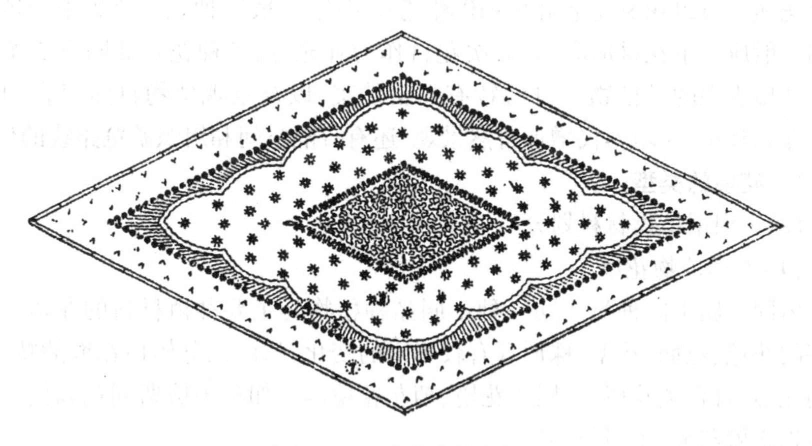

图 4－12　菱形草花花坛

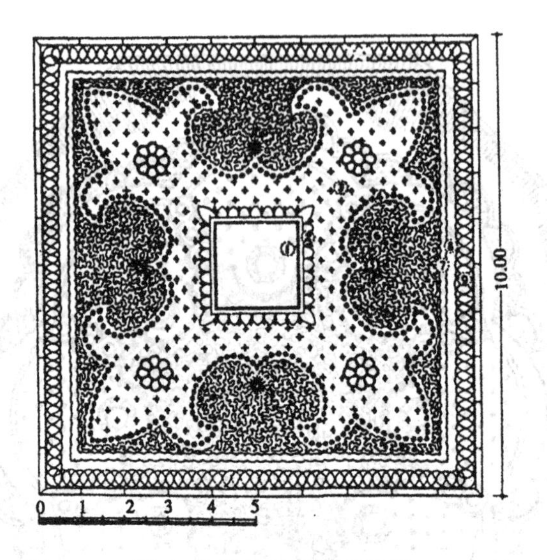

图 4－13　正方形草花花坛

4.5　花　境

花境是模拟自然界中林地边缘地带多种野生花卉交错生长的状态，是园林中从规则式构图到自然式构图的一种过渡和半自然式的带状种植形式。它在设计形式上是沿着长轴方向融进的带状连续构图，是竖向和水平的综合景观。平面上看是各种花卉的块状混植，立面上看高低错落。花境的基本构图单位是一组花丛。每组花丛通常由 5～10 种花卉组成，一般同种花卉要集中栽植。花丛内一般应由主花材形成基调，次花材作为补充，由各种花卉共同形成季相景观。花境表现的是植物本身所特有的自然美，以及景观植物自然组合的群体美。在园林中，花境不仅增加自然景观，还有分隔空间和组织游览路线的作用。

4.5.1　花境的类型

4.5.1.1　根据植物材料划分

（1）专类植物花境

由同一属不同种类或同一种不同品种植物为主要种植材料的花境。要求花卉的花色、花期、花型、株形等有较丰富的变化，从而充分体现花境的特点，如芍药花境、百合类花境、鸢尾类花境、菊花花境等。如英国威斯利花园仅用单子叶植物来做花境，景观很别致。

（2）宿根花卉花境

花境全部由可露地越冬的宿根花卉组成，管理相对较简便。常用的植物材料有蜀葵、风铃草、大花滨菊、瞿麦、宿根亚麻、桔梗、宿根福禄考、亮叶金光菊等。在欧洲国家花境极为盛行。宿根花境以暗淡的墙体为背景,突出了宿根花卉亮丽的色彩。

(3)混合式花境

景观植物材料以耐寒的宿根花卉为主,配置少量的花灌木、球根花卉或一、二年生草花。这种花境季相分明、色彩丰富、植物材料也易于寻找。园林中应用的多为此种形式。常用的花灌木有绣线菊类、紫叶小蘗、鸡爪槭、杜鹃类、水腊、凤尾兰等。球根花卉有风信子、郁金香、大丽花、美人蕉、唐菖蒲等。一、二年生草花有金鱼草、月月菊、矢车菊、毛地黄、月见草、波斯菊等。如英国威斯利花园的大型混合花境,主要由宿根花卉和一、二年生草花组成,地势高低起伏,与周围的景观自然和谐;而木本植物和宿根花卉组成的混合花境,表现出质感上的差异。

4.5.1.2　根据观赏部位划分

(1)单面观赏花境

此类花境多临近道路设置,常以建筑物、围墙、绿篱、挡土墙等为背景。前面靠近道路一侧多为低矮的边缘植物,整体上前低后高,仅有一面供游人观赏,常用的景观植物有蔷薇、南蛇藤、葱、草本花卉等组成单面观赏花境里高外低,相互不遮挡视线,很好地装饰了建筑物的基础。

(2)两面观赏花境

多设置在疏林草坪上,道路间或树丛中,没有背景。景观植物的种植方式是中间高、四周低,供两面观赏。设置在草坪上的花境,一侧紧临道路,因为没有浓密的背景树将其遮挡起来,游人可以从多个角度观赏到花境的景致,既保持了一定的通透性,又不显得空洞无物。所选的景观植物有玉簪、鸢尾、萱草、百合等。

(3)对应式花境

在园路的两侧,草坪中央或建筑物周围设置相对应的两个花境,在设计上作为一组景观统一考虑。多采用了完全对称的手法,以求有节奏的变化。如在欧洲花园中经常能见到在带状草坪的两侧布置对应式的一组花境,它们在体量和高度上比较一致,但在植物种类和花色上又各有不同,两者既变化,又统一,成为和谐的一组景观。又如在英国的一些城堡,在充满乡野气息的花园小路两旁布置了一组花境,一侧以整齐的花篱为背景,一侧则以爬满攀缘植物的墙壁为背景;一侧是绿叶茵茵,一侧是花团锦簇,相映成趣,其中的每一个单体都具有独立性和可观赏性。

4.5.2　**花境的应用**

花境的应用很广泛,它灵活的布置形式可设置在公园、风景区、街头绿地、居住小区、别墅及林荫路旁，由于它是一种带状布置的方式，所以可在小环境中充分利用边角、条带等地段零星点缀，营造出较大的空间氛围，在创造丰富景观的同时又节约了土地。花境之所以在园林造景中被广泛的利用，是因为它不拘一格的形式，适合于作为建筑物、道路、树墙、绿篱及两个不同性质功能区的自然过渡。

4.5.2.1　建筑物墙基前

建筑物的基础前、挡土墙、围墙、游廊前等都是设置花境的良好位置，可软化建筑物的硬线条和墙体的冷色调，将它们和周围的自然景色融为一体，起到巧妙的连接作用，将围墙置于鲜花绿树丛中，显得不那么古板，在这里花境起到一种恰到好处的掩饰作用。

4.5.2.2　装饰道路的两侧

在游览路线较长的道路两侧可以设置花境，这样可以避免游人在路线较长的路上行走，感到景观单一产生疲倦。体量适宜的花境可以起到很好的活跃气氛作用。当园路的尽头有喷泉，雕塑等园林小品时，可在园路的两侧设置对应式花境，烘托主题。花境材料的选择以低矮的植物为主，不影响人们观看雕塑的视线，色彩与周围的环境协调，用花境来划分和围合空间，引导游览路线。

4.5.2.3　绿地中较长、较高的绿篱和树墙前

绿篱和绿墙这类人工景观有时显得过于呆板和单调，视觉上感到沉闷，如果以篱和墙为背景设置花境，则能够打破这种单调的格局，绿色的背景又能使花境的色彩充分显现出来。在英国爱丁堡植物园，以高达 7 ~ 8 m 的绿墙为背景设置花境，显得蔚为壮观。绿墙下边设置随意的盛花组群可形成充满野趣的花境。但在纪念堂、墓地陵园等地方不宜设置艳丽的花境，否则对整体效果起到一种削减的作用。

4.5.2.4　宽阔的草坪及树丛间

在这类地方最宜设置双面观赏的花境，以丰富景观、增加层次。在花境周围设置游路，以便游人能近距离的观赏，又可划分空间，组织游览路线，特别是树丛间设置花境；起到疏林草地的效果，形成纯粹的自然空间。

4.5.2.5　居住小区、别墅区

随着生活质量的提高，人们越采越注重居住环境质量，希望能将自然景观引人生活空间，花境便是一种最好的应用形式。在小的花园里花境可布置在周边，依具体的环境设计成单面观赏、双面观赏或对应式花境。如英国老式城堡，沿建筑物的周边和道路布置花境，四季花香不断，使园内充满了大自然的气息。花境常用的植物有矮生黑心菊、白色的小白菊、紫色的薰衣草，它们为私家园林、居住小区的景观增加了田野风光。

4.6 花境的设计形式

4.6.1 植床设计

花境的植床多是带状的，单面花境的后缘线多为直线，前面的边缘线最好是曲线，如果临道路，应以直线为主。两面观赏花境的边缘线可以是直线，也可以是曲线，依具体地势而定。例如在英国牛津大学植物园，长条形的草坪与花境相间排列，四条边线都用笔直的直线界定，显示出植于其内的花草的柔美。

花境长轴的长短取决于具体的环境条件，对于过长的花境，可将植床分为几段，每段以不超过 20 m 为宜。床内植物可采取段内变化、段间重复的方法，体现植物布置的韵律和节奏。在每段之间可以设座椅、园林小品等，从整体上看是一个连续的花境，但每段又各不相同。这样做，管理起来会比较方便。花境的朝向要求，对应式的要求长轴沿南北方向沿伸，以使左右两面花境受光均匀，景观效果一致。

花境的短轴宽度有一定要求，过窄不易体现群落景观，过宽超出视觉范围造成浪费，也不便于管理。一般而言，混合花境，双面观赏花境较宿根花境、单面观赏花境宽些。

依土壤条件及景观要求，种植床可设计成平床或高床，有 2% ~4% 的排水坡度。通常土质较好，排水力强的土壤，宜用平床，只将床后面稍微抬高，前缘与道路或草坪相齐。在排水差的土质或阶地挡土墙前的花境，可用 30 ~40 cm 的高床，边缘可根据环境用石头、砖块、木条等镶边，若不想露出硬质的装饰物，则可种植藤蔓植物将其覆盖。

4.6.2 背景设计

单面观赏花境需要背景。背景是花境的组成部分之一，按设计需要，可与花境有一定距离也可不留距离。花境的背景依设置场所的不同而不同，理想的背景是绿色的树墙或高篱。建筑物的墙基及各种棚栏也可作背景，以绿色或白色为宜。如果背景的颜色或质地不理想，也可在背景前选种高大的绿色观叶植物或攀缘植物，形成绿色屏障，再设置花境。

4.6.3 边缘设计

花境的边缘不仅确定了花境的种植范围，也便于前面的草坪修剪和园路清扫工作。高床边缘可用自然的石块、砖块、碎瓦、木条等垒砌而成。平床多用低矮植物镶边，以 15 ~20 cm 高为宜。若花境前面为园路，边缘应用草坪带镶边，宽度至少 30 cm 以上。若要求花境边缘整齐、分明，则可在花境边缘与环境分界处挖沟，填充金属或塑料条板，阻隔根系。

4.6.4 种植设计

种植设计是花境设计的关键。全面了解植物的生态习性并正确选择适宜的植物材料是种植设计成功的根本保证。选择植物应注意以下几个方面:以在当地露地越冬、不需要特殊管理的宿根花卉为主,兼顾一些小灌木及球根一、二年生花卉;花卉要有较长的花期,花期能分布于各个季节,花序有差异,花色丰富多彩,有较高的观赏价值,如花、叶兼美、观叶植物、芳香植物等。每种植物都有其独特的外型、质地和颜色,在这几个因素中,前两种更为重要。因为如果不充分考虑这些因素,任何种植设计都将成为一种没有特色的混杂体。

季相变化是花境的特征之一,利用花期、花色、叶色及各季节所具有的代表性植物可创造季相景观。

利用植物的株形、株高、花序及质地等观赏特性可创造出花境高低错落、层次分明的立面花境景观。

色彩的应用有两种基本的方法:直接对比法(常会由于夸大表现而取得比较活泼的景观效果),或者采用建立相关色调由浓到淡的系列变化布局的方法,取得鲜明的效果。并在其中偶尔采用对比的手法。最易掌握并比较可靠的方法是选择一个主色调,然后在这一主色调的基础上进行一系列的变化,并以中性色调的背景作为衬托。在小型花境中,这种安排效果最佳,也可将此法应用于大型花境中,其景致新颖而巧妙。当需采用多种色调搭配时,最好倾向于选用黄色色调或蓝色色调为基调。虽然花色的变化几乎是无穷无尽的,但自然界中这两种花卉的颜色最为纯正。

要使花境设计取得满意的效果,参阅各种资料及图片,仔细研究大家喜爱的植物组合等都是十分重要的。同时更要充分了解在自然环境中优势植物及次要植物的分布比例,如在野生状态下植物群落的盛衰关系,掌握优势植物的更替、聚合、混交的演变规律。不同土壤状况对优势植物分布的影响及植物根系在土壤不同层次中的分布和生长状况等方面的知识,这样在花境设计时才可得心应手。

4.7 绿 篱

4.7.1 绿篱的概念

绿篱有很长的种植历史,史料中有很多的记载。如《三国志蜀志先主传》:“舍东南角篱上有桑树生高无丈余,遥望见童童如小车盖。”晋·陶渊明《饮酒》诗之五:“采菊东篱下,悠然见南山。”唐·韩愈《题于宾客庄》诗:“榆荚车前盖地皮,蔷薇蘸水荀穿篱。”

绿篱是用植物密植而成的围墙。陈俊愉认为:以绿篱植物所栽的绿色篱垣状物则称绿篱。余树勋认为:绿篱(hedge)是栽种植物使之形成的墙垣,又称树篱、植篱、生篱。孙筱祥先生给出的定义:林带凡是有灌木或小乔木,以相等的株行距,单行或双行排列而构成的不透风结构,称为绿篱或绿墙。最早见于农村在院子四周密植分枝多或有刺的灌木充当院落或牲畜的围墙,中国南方农村喜欢用木槿、枸桔作为院篱。园林中人工修剪的绿篱是近百年自西方传人中国的。hedge 曾译为"生篱",以用来区别木制或铁制围篱(fence)。西方古典园林用矮篱种植成图案形式,形成大型花坛称"图案花坛"(parterre). 经过修剪的绿篱被认为是活的建筑材料。自然式不修剪的花篱(flowerhedge)或用竹篱攀上一些蔓性植物(花栅)在我国古典园林及国画中有之。

4.7.2 绿篱的功能

4.7.2.1 隔离和防护功能

绿篱是由乔灌木所构成的不透风、不透光的绿化带,多采用较密的种植方法,单行或多行栽植,具有相同的株行距,一般均为高篱或树墙的形式,可用刺篱或在篱内设刺铁丝的围篱,一般不用整形。但观赏要求较高或进出口附近仍然应用整形式。因此绿篱防护和界定功能是绿篱最基本的功能。它可以作为一般机关、单位、公共园林及家庭小院的四周边界,起到一定的防护作用,并保护草皮和植物。用绿篱做成的围墙,比围墙、竹篱、栅栏或刺铁丝篱等防范性围界在造价上要经济得多;同时比较富于生机、美观,更重要的是使庭院富有生气,利于美化整个城市景观。同时绿篱可以组织游人的路线。不能通行的地段,如观赏草坪、基础种植、果树区、规则观赏种植区等用绿篱加以围护、界定,通行部分则留出路线。

4.7.2.2 规则式园林的装饰性线条和区划线

规则式园林以中篱作为分区界限,以绿篱作为花境的镶边。花坛和观赏草坪的图案花纹、色带一般用黄杨、冬青、九里香、大叶黄杨、桧柏、日本花柏,尤以雀舌黄杨、欧洲紫杉最为理想。较粗放的纹样也可用常春藤。但是作为色带,要注意纹样宽度不要过大,要利于修剪操作,设计时注意留出工作小道。北京最为成功的模纹组合为金叶女贞、紫叶小檗和小叶黄杨。

4.7.2.3 阻隔和分隔空间

用树墙代替建筑中的照壁墙、屏风墙和围墙,最好用常绿树种组成高于视线的绿墙形式,以分割功能区、屏障视线、隔绝噪音、减少相互间的干扰。一般常用绿篱去分隔或表示不同功能的园林空间或局部空间的划分,如综合性公园中的儿童游乐区、安静休息区、体育运动区等区与区之间,或单个区的四周。另外,绿篱在组织游览路线上也常起着很大作用,多见于道路两旁,有时也有用乔木组成绿墙去遮挡游人视线，把游人引向视野开阔的空间。

4.7.2.4　遮挡作用

绿篱可以用来遮掩园林中不雅观的建筑物或起到围墙、挡土墙等遮蔽功能，并调节日照和通风。一般多用较高的绿墙，并在绿墙下点缀花境、花坛，构成美丽的园林景观。有一些单位的砖砌围墙呆板生硬，如果用植物绿篱遮挡立即会变得生动起来。爬山虎攀爬的围墙，春夏浓绿减少墙壁反光，秋季绿色草坪映衬着的红叶艳丽动人。为避免构图过于规整、拘谨和植物单一，可在墙前点缀树木，打破立面直线。

4.7.2.5　可作花境、雕像的背景效果，增进美观，强调造园的构图美

作为屏障和组织空间，用树墙代替建筑中的照壁墙、屏风墙和围墙。最好用常绿树种组成高于视线的绿墙形式，以分割功能区、屏障视线、隔绝噪音、减少相互间的干扰。作为花境、喷泉、雕像的背景、西方古典园林中常用欧洲紫杉、月桂树等常绿树修剪成各种形式的绿墙，作为喷泉和雕像的背景，其高度一般要与喷泉或雕像的高度比例协调。色彩以选用没有反光的暗绿色树种为宜。一般均为常绿的高篱及中篱。例如南京雨花台烈士群雕就是用柏树作背景。

4.7.2.6　美化挡土墙

在规则式园林中，不同高程的两块台地之间的挡土墙前，为避免在立面上的单调枯燥，常在其前方植篱。如金叶女贞、大叶黄杨等修剪成的中篱，可使挡土墙上面的植物与绿篱连为一体，避免硬质的墙面影响园林景观。

4.7.3　**绿篱的类型**

根据整形修剪的程度不同，绿篱分为规则式绿篱和自然式绿篱。规则式绿篱是指经过长期不断的修剪，而形成的具有一定规则几何形体的绿篱；自然式绿篱是仅对绿篱的顶部适量修剪，其下部枝叶则保持自然生长。

根据高度的不同，又可分为矮绿篱、中绿篱、高绿篱、绿墙（树墙）四种。矮绿篱的高度在 50 cm 以下；中绿篱的高度在 50～120 cm 之间；高绿篱的高度在 120～160 cm 之间，只允许通过人的视线；绿墙是一类特殊形式的绿篱，一般由乔木经修剪而成，高度在 160 cm 以上，一般要高于眼高。根据在园林景观营造中的要求不同，可分为常绿绿篱、落叶篱、彩叶篱、刺篱、编篱、花篱、果篱、蔓篱等 8 种类型。

4.7.3.1　常绿篱

由常绿针叶或常绿阔叶植物组成，一般都修剪成规则式，是园林应用最常用的一种绿篱。在北方主要利用其常绿的枝叶，丰富冬季植物景观。常绿篱的植物选择要求：枝叶繁密，生长速度较慢，有一定的耐荫性，不会产生枝叶下部干枯现象。常用树种有桧柏、圆柏、球桧、侧柏、红豆杉、罗汉松、矮紫杉、雀舌黄

杨、大叶黄杨、女贞、冬青、海桐、小叶女贞、茶树、水腊、加州水腊、朝鲜黄杨、月桂、珊瑚树、冬树、凤尾竹、观音竹、常春藤等。

4.7.3.2　落叶篱

落叶篱主要用在冬季气候严寒的地区，如我国的东北、华北地区，常选用春季萌发较早或萌芽力较强的树种，主要有榆树、水腊、柽柳、雪柳、小檗、紫穗槐、鼠李、沙棘、胡颓子、沙枣等。

4.7.3.3　彩叶篱

彩叶篱以它的彩叶为主要特点，由红叶或斑叶的树木组成，能显著改善园林景观，在少花的秋冬季节尤为突出，因此在园林中应用越来越多。

(1)叶黄色或具有黄色：

金叶侧柏、黄金球柏、金心女贞、金叶女贞、金边女贞、金边大叶黄杨、白桦、金心大叶黄杨、金斑冬树、黄脉金银花、金叶小檗、金边桑。

(2)叶红色或以紫色为主

紫叶小檗、朝鲜小檗、红桑、红叶五彩变叶木、紫叶矮樱等。

4.7.3.4　刺篱

有些植物具有叶刺、枝刺或皮刺，这些刺不仅具有较好的防护效果，而且本身也可作为观赏材料。在一般情况下，通常把它们修剪成绿篱。常见的植物有橘、花椒、蔷薇、胡颓子、十大功劳、阔叶十大功劳、桧柏、小檗、刺柏、黄刺玫、蒙古栎等。

4.7.3.5　编篱

园林中常把一些枝条柔软的植物编织在一起，从外观上形成紧密一致的感觉，这种形式的绿篱称为编篱。常可选用的植物有紫薇、杞柳、木槿、毛樱桃、雪柳、连翘、金钟、柳等。

4.7.3.6　花篱

花篱主要选开花大、花期一致、花色美丽的种类，常见的有：

①常绿芳香类有桂花、栀子花、雀舌花、九里香、米兰。

②常绿类有宝巾(三角花)、六月雪、凌霄、山茶花。

③落叶类有小花溲疏、溲疏、锦带花、木槿、郁李、黄刺玫、珍珠花、麻叶绣球、十姊妹、藤本月季、蔷薇属、锦带花、映山红、贴梗海棠、棣棠、珍珠梅、绣线菊类、欧李、毛樱桃等。

4.7.3.7　蔓篱

为了迅速达到防范或区划空间的作用，常建立竹篱、木栅围墙或铁丝网篱，同时栽植藤本植物，攀缘于篱栅之上，主要植物有十姊妹、藤本月季、金银花、凌霄、常春藤、山荞麦、茑萝、牵牛花等。

4.7.4 绿篱的设计

4.7.4.1 选择绿篱所应具备的条件

绿篱具有萌蘖性、再生性强,耐修剪;上下枝叶茂密,并长久保存;抗病虫害、尘埃、煤烟等。常绿性,且有较为稳定的季相美感。叶小而密,花小而密,果小而多,繁殖移栽容易。生长速度不宜过快。抗逆性强,病虫害少。

4.7.4.2 绿篱的配置

园林中应用绿篱时,需要考虑绿篱与周围环境之间的合理搭配和绿篱在整个景观中所起的作用。

(1)作为装饰性图案,直接构成园林景观

园林中经常用规整式的绿篱构成一定的线条图案,或是用几种色彩不同的绿篱组成一定的色带,突出整体的美。如欧洲规则式的花园中,常用针叶植物修剪成整洁的图案、模纹花坛或用彩叶篱构成色彩鲜明的大色块或大色带。

(2)作为背景植物衬托主景

园林中多用常绿树篱作为某些花坛、花境、雕塑、喷泉及其他园林小品的背景,以烘托出一种特定的气氛。如在一些纪念性雕塑旁常配置整齐的绿篱,给人庄严肃穆之感。

(3)作为构成夹景的理想材料

园林中常在一条较长的直线尽端布置主景,以构成夹景效果。绿墙以它高大、整齐的特点,最适宜布置两侧,以引导游人向远端眺望,去欣赏远处的景点。

(4)用绿墙构成透景效果

透景是园林中常用的一种造景方式,它多用于以高大的乔木构成的密林中,其中特意开辟出一条透景线,以使对景能相互透视。也可用绿墙下面的空间组成透景线,从而构成一种半通透的景观,既能克服绿墙下部枝叶空荡的缺点,又给人以“犹抱琵琶半遮面”的效果。

(5)突出水池或建筑物的外轮廓线

园林中有些水池或建筑群具有丰富的外轮廓线,可用绿篱沿线配置,强调线条的美感。

4.7.4.3 绿篱修剪

(1)依植物的生长发育习性进行修剪

先开花后发叶的树种可在春季开花后修剪,对一些老枝、病枯枝可适当修剪。花开于当年新梢的树种可在冬季或早春修剪。如山梅花等可进行重剪使新梢强健;月季等花期较长的,除早春重剪老枝外,还应在花后将新梢修剪,以利多次开花。萌芽力极强或冬季易干梢的树种可在冬季重剪,春季加大肥水管理,促使新梢早发。

(2)依植物的需光性,把绿篱修剪成梯形

使下部枝叶能见到充足的阳光而生长茂密,不易发生下部干枯的空裸现象。任何形式的绿篱都要保证阳光能够透射到植物基部,使植物基部的分枝茂密,因而在整形修剪时,绿篱的断面必须保持上小下大的梯形,或上下垂直。上大下小则下枝照不到阳光,下部即枯死;如主枝不剪,成尖塔形,则主枝不断向上生长,下部亦容易自然枯死。一般中、矮篱选用速生树种,如女贞、水腊,可用2~3年生苗木于栽植时离地面10 cm处剪去,促其分枝。应用针叶树等慢长树,如桧柏、云杉等,则须在苗圃先育出大苗;高篱及树篱,最好应用较大的预先按绿篱要求修剪的树苗为宜。规则式园林的树木整形有时是建筑的一部分,有时则代替雕塑,可以是几何体整形、动物整形、建筑体整形等。

(3)与平面栽植的形式相统一

在绿篱修剪时,立面的形体要与平面的栽植形式相和谐。如在自然式的林地旁,可把绿篱修剪成高低起伏的形式;在规则式的园路边,则将它修剪成笔直的线条,绿篱的起点和终点应做尽端处理,从侧面看比较厚实美观。

4.8 垂直绿化

垂直绿化是指利用攀缘植物绿化墙壁、栏杆、棚架、杆柱及陡直的山石等。

4.8.1 垂直绿化的特点及功能

4.8.1.1 垂直绿化的特点

垂直绿化是通过攀缘植物去实现的,攀缘植物本身具有柔软的攀缘茎,能随攀缘物的形状以缠绕、攀缘、勾附、吸附等方式依附其上。

(1)垂直绿化在外观上具有多变性

攀缘植物依附于所攀缘的物体之外,表现的是物体本身的外部形状,它随物体的外形而变化。这种特点,为其他乔木、灌木、花卉所不具备。

(2)垂直绿化,能充分利用空间,达到绿化、美化的目的

在一些地面空间狭小,不能栽植乔木、灌木的地方,可种植攀缘植物。攀缘植物除了根系需要从土壤中汲取营养,占用少量地表面积外,其枝叶可沿墙而上,向上争夺空间。

(3)垂直绿化在短期内能取得良好的效果

攀缘植物一般都生长迅速,管理粗放,且易于繁殖。在进行垂直绿化时可以用加大种植密度的方法,使之在短期内见效。

(4)攀缘植物

攀缘植物必须依附他物生长本身不能直立生长,只有通过它的特殊器官如

吸盘、钩刺、卷须、缠绕茎、气生根等，依附于支撑物如墙壁、栏杆、花架上才能生长。在没有支撑物或支撑物本身质地不适于植物攀缘的情况下，它们只能匍匐或垂挂伸展，因此垂直绿化有时需要用人工的方法把植物依附在攀缘物上。

4.8.1.2　垂直绿化的功能

垂直绿化作为一种特殊的绿化形式，在许多国家已得到普遍应用，其主要功能有以下几方面。

(1)美化街景

攀缘植物可以借助城市建筑物的高低层次，构成多层次、错落有致的绿化景观。

(2)降低室内温度

攀缘植物可以通过叶表面的蒸腾作用，增加空气湿度，形成局部小环境，降低墙面温度。另一方面，植物本身的枝叶还可以遮挡阳光，吸收辐射热，有直接降低室内温度的功效。

(3)遮荫纳凉

垂直绿化的花架、花廊、花亭等，是人们夏季遮荫纳凉的理想场所，是老人对弈、儿童嬉戏的好去处。

(4)遮掩建筑设施

有围墙及屏障功能，又有分割空间及观赏的作用。城市中有些建筑物或公共设施，如公共厕所、垃圾筒等，可用攀缘植物遮掩，以美化市容。

(5)生产植物产品

攀缘植物除具有社会效益、环境效益外，有些还能带来直接经济效益。如葡萄、山葡萄、猕猴桃的果实可食用，金银花的花、何首乌的根、牵牛的种子可以入药等。

4.8.2　**攀缘植物分类**

4.8.2.1　攀缘植物的种类

按攀缘方式攀缘植物可分为以下几类。

(1)缠绕类

自身缠绕植物不具有特殊的攀缘器官，依靠自身的主茎缠绕于它物向上生长，这种茎称为缠绕茎。其缠绕的方向，有向右旋的，如啤酒花等；有向左旋的，如紫藤、牵牛花等；还有左右旋的，缠绕方向不断变化的植物。

(2)攀缘类

依靠茎或叶形成的卷须或其他器官攀缘植物生长，用这些攀缘器官把自身固定在支持物上向上方或侧方生长。常见的攀缘器官有卷须、吸附根、倒钩刺等，形成卷须的器官不同，有茎(枝)卷须，如葡萄；有叶卷须，如豌豆、铁线莲等。

①吸附类:依靠气生根或吸盘的吸附作用进行攀缘生长。由枝先端变态形成的吸附器官,其顶端变成吸盘,如爬山虎。

②吸附根:节上长出许多能分泌胶状物质的气生不定根吸附在其他物体上,如常春藤。

③倒钩刺:生长在植物体表面的向下弯曲的镰刀状逆刺,将植株体钩附在其他物体上向上攀缘,如藤本月季、棒草等。

(3)复式攀缘类

具有两种以上攀缘方式的植物,称为复式攀缘植物,如既有缠绕茎又有攀缘器官的茬草。

(4)蔓生类

无特殊攀缘器官,攀缘能力较弱。

4.8.2.2 几种常见攀缘植物简介

(1)中华常春藤

四季常青,耐荫性强,也是很好的室内观叶植物。喜温暖,能耐短暂 -5 ~ -7 ℃低温,既喜阳也极耐荫,与其同属的还有加那利常春藤和洋常春藤。

(2)常春油麻藤

四季常绿,每年4月在老枝上绽放出串串紫色花朵。八、九月,一根根长条状的荚果悬挂老枝上,随风摇摆,甚是壮观。

(3)紫藤

四、五月开淡紫色花,夏末秋初常再度开花。

(4)凌霄

花期7 ~8 月,花漏斗形,橙红色。茎上有气生根并有卷须,攀缘生长可高达10 余 m。在立柱上缠绕生长宛若绿龙,柔条纤蔓,随风摇曳,煞是美观。

(5)爬山虎

落叶攀缘植物,覆盖面积大,生存能力强。在墙角种植,靠气根吸墙而上,一两年便能形成一道绿屏,是绝好的垂直绿化材料。

(6)茑萝

一年生草本,7 ~9 月开花。将其植于棚架、篱笆、球形或其他造型支架下,缠绕其上,分外美丽。

4.8.3 垂直绿化的形式及景观植物的选择和设计

垂直绿化依据应用方式不同,可大致为以下五类。

4.8.3.1 室外墙面绿化

利用攀缘植物对建筑物墙面进行装饰的一种形式,尤其适于人口密集的城市中。有着广阔的应用前景。植物设计时应考虑的因素如下。

(1)墙面质地

目前国内外常见的墙面主要有清水砖墙面、水泥粉墙、水刷石、水泥搭毛墙、石灰粉墙面、马赛克、玻璃幕墙、黄沙水泥砂浆、水泥混合砂浆等。前四类墙面表层结构粗糙,易于攀缘植物附着,配置有吸盘与气生根器官的地锦、常春藤等攀缘植物较适宜,其中水泥搭毛墙面还能使带钩刺的植物沿墙攀缘。石灰粉墙的强度低,且抗水性差,表层易于脱落,不利于具有吸盘的爬山虎等吸附,这些墙体的绿化一般需要人工固定。马赛克与玻璃墙的表面十分光滑,植物几乎无法攀缘,这类墙体绿化最好在靠墙处搭成垂直的绿化格架,使植物攀附于格架之上,既起到绿化作用,又利于控制攀缘植物的生长高度,取得整齐一致的效果。

(2)墙面朝向

一般而言,南向、东南向的墙面,光照较充足,光线较强;而北向、西北向的墙面光照时间短,光线较弱。因此,要根据植物的生态习性去绿化不同朝向的墙面。喜阳性植物如凌霄、爬山虎、紫藤、木香、藤本月季等应植于南向和东南向墙体下;而耐荫植物如常春藤、薜荔、扶芳藤等可植于北向墙体下。

(3)墙面高度

墙面绿化时,应根据植物攀缘能力的不同,种植于不同高度的墙面下。高大的建筑物,可爬上三叶地锦、爬山虎、青龙藤等生长能力强的种类;较低矮的建筑物,可种植胶东卫矛、常春藤、、扶芳藤、薜荔、凌霄、美国凌霄等。适于墙面绿化的材料十分丰富,如蔷薇,枝叶茂盛,花期长;又如紫藤,种植在低矮建筑墙面、门前,使建筑焕然一新。

(4)墙体形式与色彩

在古建筑墙体上,一般配扭曲的紫藤、美国凌霄等,可增加建筑物的凝重感。在现代风格的建筑墙体上,选用常春藤等,并加以修剪整形,可突出建筑物的明快、整洁。另外,建筑墙面都有一定的色彩,在进行植物选配时必须充分考虑。红色的墙体配植开黄色花的攀缘植物,灰白的墙面嵌上开红花的美国凌霄,都能使环境色彩变亮。

(5)植物季相

攀缘植物有些具有一定的季相变化,刚萌发的紫藤春季露出淡绿的嫩叶,夏季叶色又变为浓绿。深秋的五叶地锦一改春夏的绿色面容,鲜红的叶子使秋色更加绚丽。因此,在进行垂直绿化时,需要考虑植物季相的变化,并利用这些季相变化去合理搭配植物,充分发挥植物群体的美、变化的美。如在一个淡黄色的墙体上,可种植常春藤、爬山虎、山荞麦混合。常春藤碧翠的枝叶配置于墙下较低矮处,可作整幅图的基础,山荞麦初秋繁密的白花可装点淡黄的墙面,爬山虎深秋的红叶又与山荞麦和常春藤的绿叶相得益彰。只有充分考虑到植物的季相变化,才能丰富建筑物的景观和色彩。攀缘植物的季相变化非常明显,故不同建筑墙面应合理搭配不同植物。考虑到不同的季相景观效果,必要时亦可增加其他方式以弥补景观的不佳。另外,墙体绿化设计除考虑空间大小外,还要顾及与建筑物色彩和周围环境色彩相协调。

4.8.3.2　墙面绿化的固定和种植形式

有些墙面需用一定的技术手段才能使植物攀缘其上。常用的固定方法有以下几种。

(1)钉桩拉线法

在砖墙上打孔,钉人 25 cm 的铁钉或木钉,并将铁丝缠绕其上,拉成 50 cm×50 cm 的方格网。一些攀缘能力不很强的植物如圆叶牵牛、茑萝、观赏南瓜等就可以附之而上,形成绿墙。国夕卜也有直接用乔木通过钉桩拉线做成绿墙的形式。

(2)墙面支架法

在距墙 15 cm 之外安装网状或条状支架,供藤本植物攀缘形成绿色屏障。支架的色彩要与墙面色彩一致,网格的间距一般不过 100cm×100 cm。

(3)附壁斜架法

在围墙上斜搭木条、竹竿、铁丝之类,一般主要起牵引作用,待植物爬上墙顶后便会依附在墙顶上,下垂的枝叶形成另一番景象。

(4)墙体筑槽法

修建围墙时,选适宜位置砌筑栽培槽,在槽内种植攀缘植物,可解决高层建筑墙面的绿化问题。

4.8.3.3　植物的种植方法

(1)地栽

墙面绿化种植多采用地栽,地栽有利于植物生长,便于养护管理。一般沿墙种植,种植带宽度 0.5~1 m,土层厚为 0.5 m。种植时,植物根部离墙 15 cm 左右。为了较快地形成绿化效果,种植株距为 0.5~1 m。如果管理得当,当年就可见效果。

(2)容器种植

在不适宜地栽的条件下,砌种植槽,一般高 0.6 m,宽 0.5 m。根据具体要求决定种植池的尺寸,不到半立方米的土壤即可种植一株爬山虎。容器需留排水孔,种植土壤要求有机质含量高、保水保肥、通气性能好的人造土或培养土。在容器中种植能达到地栽同样的绿化效果,欧美国家应用容器种植绿化墙面,形式多样。

(3)堆砌花盆

国外应用预制的建筑构件如堆砌花盆。在这种构件中可种植非藤本的各种花卉与观赏植物,使墙面构成五彩缤纷的植物群体。在市场上可以选购到各色各样的构件,砌成有趣的墙体表面,让植物茂密生长构成立体花坛,为建筑开拓新的空间。

随着技术的发展,居住环境质量要求不断提高。建筑技术与观赏园艺的有机结合为墙面绿化提供了新技术设备。

常见的适于墙体绿化的攀缘植物有爬山虎、粉叶爬山虎、异叶爬山虎、英国常春藤、中华常春藤、美国凌霄、大花凌霄、胶东卫矛、扶芳藤、冠盖藤、薜荔、爬藤、九重葛、毛宝巾、地锦、青龙藤。上述材料均适于山石和柱形物的攀缘植物。除此之外,还有啤酒花、金银花、淡红忍冬、忍冬、大花忍冬、苦皮藤、打碗花、田旋花、蝙蝠葛等。

4.8.4 花架、绿廊、拱门、凉亭的绿化

植物选择应依建筑物的材料、形状、质地而定,以观花、赏果为主要目的,兼有遮荫功能。建筑形式古朴、浑厚的,宜选用粗壮的藤本植物;建筑形式轻盈。的,宜选用茎干细柔的植物。

适于这类绿化的植物有山葡萄、葡萄、五味子、冬红花、蛇白蔹、大血藤、南五味子、香花崖豆藤、葛藤、碧玉藤、毛茉莉、多花素馨、豆花藤、大观藤、木通、五叶瓜藤、龙须藤、云南羊蹄甲、中华猕猴桃、紫藤、凌霄、木香、藤本月季。

4.8.5 栅栏、篱笆、矮花墙等低矮且具通透性的分隔物的绿化

宜选用花大、色美,或花朵密集、花期较长的攀缘植物,常用的植物有马兜铃、党参、月光花、大花牵牛、圆叶牵牛、七叶莲、三叶木通、何首乌、金银花、油麻藤、三叶地锦、五叶地锦、茑萝、大瓣铁线莲、单叶铁线莲、毛蕊铁线莲、长花铁线莲、木香、金樱子、多花蔷薇、藤本月季、白花悬钩子等。

4.8.6 庭院中小型荫棚\凉棚的绿化

宜选用有一定经济价值的攀缘植物。常用的植物有葡萄、西葫芦、蛇瓜、绞股篮、扁豆、豇豆、狗枣猕猴桃、观赏南瓜等,形成美丽的瓜廊。

4.8.7 阳台绿化

阳台和窗户是建筑立面上的重要装饰部位,具有普遍性,绝大多数为独家占有的私有空间,用各种花卉、盆景装饰绿化阳台,在美化建筑物的同时也可美化城市。往往起到画龙点睛的作用。

4.9 风景林

许多国家政府都建立了一些风景名胜区或国家公园,目的是保护本国的自

然风景资源和人文景观资源，让全世界人们有机会欣赏到大自然的美景和辉煌的历史古迹，风景林是这些风景绿地的重要组成部分，它由不同类型的森林植物群落组成，是森林资源的一个特殊类型，一般保护较好，不能随意采伐，主要以发挥森林游憩、欣赏和疗养为经营目的。风景林具有调节气候、保持水土、改善环境、蕴藏物种资源等综合的生态效益，对恢复大自然的生态平衡起着重要的作用。

风景林按景观植物的树种组成可分为以下几种类型。

4.9.1 针叶树风景林

4.9.1.1 常绿针叶树风景林

树种组成以常绿针叶树为主，根据不同的物候条件，组成有本地区特色，反映一定区城的植物特点，如天目山大片的柳杉林；黄山十大名松如迎客松，送客松、卧龙松、黑虎松等。均为黄山松各具奇特姿态的景观。长江以南地区的杉木林，马尾松树等都属于典型的常绿针叶风景林。

4.9.1.2 落叶针叶树风景林

主要树种为落叶松，在我国主要分布于东北地区，如黑龙江省小兴安岭地区的落叶松林，在东北地区的生态园中常见落叶松风景林，江南的金钱松林以及水杉、落羽杉林的分布较广泛，形成了山岳、平川的自然美景。

4.9.2 阔叶树风景林

4.9.2.1 落叶阔叶树风景林

由落叶阔叶树构成风景林的主要树种，在我国主要分布在北方地区，这类风景林季相景观色彩变化丰富，夏季绿荫蔽日，冬季则呈白雪空中舞枝干景色。常见的落叶阔叶林有槭树林、榆树林、白桦林、银杏林、槐树林、枫树林等各具特点。

4.9.2.2 常绿阔叶树风景林

常绿阔叶树风景林主要由常绿阔叶树组成，特点是四季常绿，郁密性极好，花果期有丰富的色彩变化，这类风景林主要分布于我国南方，如竹林、楠木林、花榈木林，青桐栎林等。

4.9.2.3 灌木类风景林

在山林植被景观中，不同季节的灌木点缀林地，令人赏心悦目。如映山红，春天盛花期，满山红遍、层林尽染。此外，还有梅花山、桃花谷、山茶坡、杏花沟，每至花期，一片烂漫景色。

5 景观植物造园风格的形成

景观植物造园的艺术，无论它是自然生长或人工的创造（经过设计的栽植）都表现出一定的风格。而景观植物本身是活的有机体，故其风格的表现形式与形成的因素就更为复杂一些。

一株孤树，一片树林，一组群落都可以其干、叶、花、果的形态，反映出其姿态、色彩、质感、疏密等方面，而表现出一定的风格。再加上人们赋予的文化内涵——历史传说、文化内涵等因素，就更需要在进行植物栽植时，加以细致而又深入的规划设计，才能获得理想的艺术效果，从而表现出植物景观的艺术风格。这种风格的形成有以下几方面的因素。

5.1 掌握景观植物的生态习性，以创造地方风格为前提

景观植物既有乔木、灌木、草本、藤本等大类的形态特征，更有耐水湿与耐干旱、喜阴喜阳、耐碱与怕碱，以及其他抗性（如抗风、抗有害气体……）和酸碱度的差异等生态特性。如果不符合这些生态特性，植物就不能生长或生长不好，也就更谈不到什么风格了。

如油松为常绿大乔木，树皮黑褐色、鳞片剥落、斑然入画，叶呈针状，深绿色。生于平原者，修直挺立；生于高山者，虬曲多姿。孤立的油松则更见分枝成层，树冠平展形成一种气势磅礴，不畏严寒古朴坚挺的风格。又如垂柳好水湿，适应性强，有下垂而柔软的枝条，嫩绿的叶色、修长的叶形，栽植于水边.，就可形成“杨柳依依，柔条拂水、弄绿槎黄、小鸟依人”般的风韵。

松、竹、梅又称“岁寒三友”，体现其高雅、坚挺的风格，将兰的幽、菊的野、莲的淡、牡丹的艳、竹的雅、桐的清…来体现不同植物的形态与生态特征，就能产生“拟人化”的植物景观风格，从而也能获得具有中国传统文化内涵的园林植物景观的艺术效果。

由于植物固有的生态习性不同，其景观风格的形成也不同。除了这个基础条件之外，就一个地区或一个城市的整体来说，还有一个前提，就是不同城市景观植物都具有地方风格，有时不同地区惯用的植物种类有差异，也就形成了不同的地方风格。

景观植物的生长有明显的地理差异，由于气候条件不同，南方树种与北方

树种的形态如干、叶、花、果也不同。即使是同一种树，如山茶、竹子、椰树等等在南方的海南岛，福建一带，可以长成大树，而在北方只能以“温室花卉”的形式供人欣赏。同一个树种即使在同一地区，不同的海拔高度，其植物生长的形态与形成的景观也有明显的差异。

我国北方地区针叶常绿树较多，常绿阔叶树较少。无论冬夏，自然形成漫山遍野的各种郁郁葱葱、雄伟挺拔的针叶林景观，这种景观在南方则少见；而南方那雅致蔽日，生长茂盛的高大毛竹林、或小竹林，在北方则难以见到。

除了自然因素以外，地区群众的习俗也在创造着地方风格。如江南农村宅前屋后都有一丛丛的竹林，形成自然朴实的地方风格，而北方的松花江流域到处都能看到杨树林，榆树林、丁香林等或环绕于村落或列植于道旁，或独立于园林空间，每到夏季，就显示出一种高大粗犷的乡野情趣。

所以，景观植物的造园风格，是受地区自然条件如气候、土壤及环境生态条件的制约，也受该地区长期以来群众喜闻乐见的习俗影响。离开它们，就谈不到地方风格，因此，这些就形成了创造不同地区景观植物造园风格的前提。

5.2 以文学艺术的内涵为基础，创造诗情画意的园林风格

不同的景观植物采用不同的设计手法组织的不同风格的造园，其实是一门综合性学科，从其表现形式发挥园林立意的传统风格及特色来看，又是一门艺术学科范畴。它涉及建筑艺术、诗词、音乐、绘画、雕塑工艺…诸多的文化艺术，尤其中国传统园林长期以来形成的文人园林，其中的每一株景观植物都被赋予深刻的内涵和思想，甚至会成为园林的一种主导思想，从而使园林成为文人墨客的一种诗画实体。而在诸多的艺术门类中，文学艺术的“诗情画意”对于园林景观植物的造园形式的欣赏与创造和风格的形成，则尤为明显。

植物形态上的外在姿色，生态上的科学生理性质，以及其神态上所表现的内在意蕴，都能以诗情画意做出最充分、最优美的描绘与诠释，从而使游人获得更高、更深的园林享受；反过来，景观植物造园如能以诗情画意为蓝本，就能使植物本身在其形态、生态及神态的特征上，得到更充分的发挥，才能使游人感受到更高、更深的精神美。

所以说，以诗情画意写入园林是中国园林的一个显著特点，也是中国造园手法的一种优秀传统。它既是中国现代园林继承和发扬的一个重要方面，也是中国园林景观植物造园风格形成中的一个主要因素。

一种景观植物的形成，表现其干，叶、花、果的风姿与色彩，以及在何时何地开花、长叶、结果的物候时态，春夏秋冬四季的季相美，使观赏者触景而生情，产生无限的遐思与激情。或做出人格化的比拟，或面对花容叶色发出优美的赞叹，或激起对社会事物的感慨，甚至引发出对人生哲理的联想，咏之于诗词歌赋，绘之于画卷丹青，从而反映出园林景观植物造园形成诗情画意的风格。

这种具有文人气息与意蕴的植物造园，通过文人们的诗情画意及植物的形态，生态和神态的具体表现，就产生了中国园林独有的文人风格。

比如中国兰花的特征是花小而香，叶窄而长，色清而淡，生于偏僻而幽静的溪谷之中，其貌远不如牡丹绚丽多彩，却显示出一种高雅而矜持的风格。清代乾隆帝咏之曰：

婀娜花姿碧叶长，
风来难隐谷中香。
不因纫取堪为佩，
纵使无人亦自芳。

而岭南的木锦树，树姿挺直高大，枝叶水平排空开展，树冠庞大整齐，花色红艳如火，叶片肥厚而大，先花后叶，春季盛花时，如华灯万盏，映影于蔚蓝色的天空中，显示出一种气宇轩昂的文官武将的英雄风格。有一阕《浪淘沙》词，就是描写木棉树的：

木棉树英雄，南国风情。
年年花发照天红，
两翼排空横枝展，
未云何虹？
世纪新来急，燕舞莺歌。
众木群芳竞相争，
傲寒先发雄姿现，
独放豪情。

这些诗词都含有一定的意蕴，表现了植物景观的风格，是可以从中有所领悟的。

在这里还应谈谈有关程式的问题，因为在中国传统园林的植物造园中，常常已经由于植物的形态特征与生态习性，或观赏者对它的主观认识，而形成一些既定的或俗成的程式，如栽梅绕屋、院广植梧、槐荫当庭、堤弯宜柳等等，这些程式常常会影响到风格的形成。

如“移竹当窗”这种程式所表达的，既是竹的形态，竹叶的狭长、秀丽、平行脉纹、聚簇斜落，显示一种碧绿青青的潇洒脱俗的雅趣，而且竹子终年不凋，耐寒经霜，种类丰富，适应性也较强，以之提升到拟人化的高度而表现于竹的神态，认为竹子具有“刚、柔、忠、义、谦、常、贤、德”八德而比喻君子，这是它的内在美；而其景观之美，或源于唐代大诗人白居易的竹窗之作：

开窗不糊纸，种竹不依行。
意取北窗下，窗与竹相当。
绕屋声淅淅，逼人色苍苍。
烟通香霭气，月透玲珑光。

这里说明在窗前种竹，应采取自然式，不是一行行，而要一丛丛，或是二、三枝，耐阴的可种于朝北的窗前，微风吹拂竹叶发出淅淅之声，飘来清香之气，夜晚月亮照射着，而有玲珑苍翠之倩影，这意境是何等的优雅。

其实，在窗外能种的植物，尤其是高低相当的花灌木是很多的，窗前种芭蕉也已成为一种不言而喻的程式，但是以种竹最为雅致，于是“移竹当窗”似乎也就成为文人园林窗前最适合的一种程式了。

程式的产生，固然有它的客观基础，如“堤弯宜柳”就是因为柳树耐水湿，可栽于岸边；而柳之柔条又与水之柔性相协调，这是植物的生态与形态所使然。或者由一种实用功能或地方民俗、民风的需要，故产生了“院广梧桐”的程式。但今天运用这些程式时，倒不一定拘泥于此。如宜于水边生长的植物很多，树荫广阔的树木也很丰富，故在选择树种或栽植位置时，只要着重其内在的实质要求，或其艺术构图的规律，而不是局限于某几种既定的植物种类。如大叶柳并没有飘柔的柳条，但耐水湿，在水边栽植有一种明显的向水性，也显示出与水的亲和力。其他如乌桕、槭树类，虽无柳之“柔情”，但也可生长于水边。秋天叶红，染红了水面，未见不是一个宜于堤弯的树种吧！

5.3 以设计者的学识、修养出品位，创造具有特色的多种风格

园林的植物风格，还取决于设计者的学识与文化艺术的修养。即使是在同样的生态条件与要求中，由于设计者对园林性质理解的角度和深度有差别，所表现的风格也会不同。而同一设计者也会因园林的性质、位置、面积、环境等状况不同，而产生不同的风格。如在杭州园林中，有许许多多的大草坪，但“花港观鱼”的雪松大草坪与孤山西泠桥东边的大草坪，由于植物种类选择及配置方式不同，地形也有差别，二者所反映的植物风格迥异。如前者以圆锥形雪松成群呈半环抱形，面向西里湖，构成两大片屏障式的树群，草坪中间突出一株冠大

如伞的珊瑚朴树，整个植物风格是简洁、有气势而略带欧风的；但孤山西泠桥草坪向西的一面，以一片杏花自由地散植于小坡之上，向南的一面则在小山坡上种植着各种高大的乔木，如香樟、青桐、女贞等。林中隐约可见白色的建筑物，草坪的一隅又有一泓半亭遮挡的六一泉，其韵味则呈现出中国的田园与山林野趣的风格。

近年来，杭州太子湾公园的一些草坪上，栽植着大片大片自然式的草花，则更为明显地反映出西方的植物景观风格。

在同一个园林中，一般应有统一的植物风格，或朴实自然，或规则整齐，或富丽妖娆，或淡雅高超，避免杂乱无章，而且风格统一，更易于表现主题思想。

而在大型园林中，除突出主题的植物风格外，也可以在不同的景区，栽植不同特色的植物，采用特有的配置手法，体现不同的风格。如观赏性的植物公园，通常就是如此。由于种类不同、个性各异，集中栽植必然形成各具特色的风格。

大型公园中，常常有不同的园中园，根据其性质、功能、地形、环境等，栽植不同的植物，体现不同的风格。尤其是在现代公园中，植物所占的面积大，提倡"以植物造景"为主，就更应多多考虑不同的园中园有不同的植物景观风格。植物风格的形成，除了植物本身这一主要题材之外，在许多情况下，还需要与其他因素作为配景或装饰，才能更完善地体现出来。如高大雄厚的乔木树群，宜以质朴、厚重的黄石相配，可起到锦上添花的作用；玲珑剔透的湖石，则可配在常绿小乔木或灌木之旁，以加强细腻、轻巧的植物景观风格。

从整体来看，如在创造一些纪念性的园林植物风格时，就要求体现所纪念的人物、事件的事实与精神，对主角人物的爱好、品味、人格及主题的性质、发生过程等等，作深入的探讨，配置与之风貌相当的植物。如果只注意一般植物生态和形态的外在美，而忽略其神韵的一面，就会显得平平淡淡，没有特色。

当然，也并不是要求每一小块的植物配置都有那么多深刻的内涵与丰富的文化色彩，既然谈到风格，就应有一个整体的效果，尽量避免一些小处的不伦不类，没有章法成为整体的"败笔"。

故植物配置并不只是要"好看"就行，而是要求设计者除了懂得植物本身的形态、生态之外，还应该对植物所表现出的神态及文化艺术、哲理意蕴等，有相应的学识与修养，这样才能更完美地创造出理想的园林植物景观风格。

园林植物造园的风格，依附于总体园林风格，一方面要继承优秀的中国传统风格，另一方面也要借鉴外国的，适用于中国的园林风格，但今日中国园林风格的重点是符合优美、健康的环境，适应现代人的生活情趣。

现代的城市建设，尤其是居住区建设中，常常出现一些"欧陆式"、"美洲式"、"日本式"的建筑风格，这使中国园林的风格也多样化了，但从植物造园的风格来看，如果在全国不分地区大搞草坪，广栽修剪植物，就不符合中国南北气候差别、城市生态不同、地域民俗各异的特点了。

在私人园林中，选择什么样的树种，体现什么样的风格，多由园林主人的爱好而定。如陶渊明爱菊，周敦颐爱莲，林和靖爱梅，郑板桥喜竹，则其园林或院落的植物风格，必然表现出菊的傲霜挺立、莲的洁白清香、梅的不畏风寒，以及竹的清韵萧萧，刚柔相济的风格从植物的群体来看，大唐时代的长安城，栽植牡丹之风极盛，家家户户普遍栽植，似乎要以牡丹的花大而艳，极具荣华富贵之态，来体现大唐盛世的园林风格一样。

清代有一权位不高的文人高士奇，他退休以后，在家乡浙江平湖造了一个园林，以其自然野趣，命名为“江村草堂”，面积达20 hm^2，园内丘陵地势，种了3 000多株梅花。由于面积大，其中有山、有水、有溪谷等自然地形，故在植物配置上也就充分利用这些条件，选择和配置了“草堂”野趣的植物风格。其中有幽兰被壑、芳杜匝地的兰渚；有绿叶蔽天、香气清馥的金粟径；有修篁蒙密、高下成林的修篁坞；有竹木丛荫、地多水芹（菜）的香芹涧；有自携手锄、栽植瓜菜的蔬香园；有枫树碧叶与晚春芍药相配的红药畦；以及傲睨霜露、秀发东篱的菊圃和柔丝萦带、翠滑可羹的莼（菜）溪；还有蜿蜒的竹径，杂花野卉夹路的问花埠等等。如此众多的植物景点，都体现出不同自然野趣的植物风格。

现代大画家张大千特别爱好梅花，早年在四川的住宅就称为“梅邮”。晚年在其台湾台北市的宅园“摩耶精舍”后花园内，栽植了甚多的梅花，并立有“梅丘”巨石及石碑，以叙其事，梅花具孤傲耐寒、坚忍不拔的个性，所以专从美国运来一块峰石，在石上亲书“梅丘”二字，置于园中，为尊重一代宗师孔子，避讳孔“丘”之后，特将“梅丘”之丘字，少写一竖，变成了“梅丘”，足见其尊师重道之人品与风格，如梅花一样的高超。

以上诸例，或从整体上，或从个别景点上，以不同的植物种类和配置方式，都能表现私人园林丰富多彩的园林植物风格。

5.4 以自然为宗旨，弘扬中国园林自然观的理念（体系）

中国园林的基本体系是大自然，园林的建造是以师法自然为原则，其中的植物景观风格，也就当然如此。尽管不少传统园林中的人工建筑比重较大，但其设计手法自由灵活，组合方式自然随意，而山石，水体及植物乃至地形处理，都是顺其自然，避免较多的人工痕迹。中国人热爱自然、欣赏自然，并善于把大自然引入到我们的园林和生活环境中来。

从中国传统园林看，之所以说是具有"大自然"体系者，主要有以下几点：

5.4.1 借自然之物

园林景物直接取之于大自然，如园林五要素中的山、石、水体、植物本身，都是自然物，用以造园，从古代的帝王宫苑直至文人园林，莫不如此。如果"取"不来，则要"借"来，纳园外山川于园内，作为远望之园景，称为"借景"。如北京颐和园既引玉泉之水，亦纳玉泉山景一塔于园内借赏。而植物景观风格的创造，除了植物本身的搭配关系而外，往往还要借助其他的园林自然物，如水体、山石等。

5.4.2 仿自然之形

在市区，一般难以借到自然的山水，而造园者挖池堆山，也要仿自然之形，因而产生了那种以"一拳代山"、"一勺代水"、"小中见大"的山水园。叠石堆由仿山峰、山坳、山脊之形；挖池理水也有湖形、水湾、水源、潭瀑、叠落等自然水态。

植物配置首先是要仿自然之形，如"三、五成林"就是以少胜多，取自然中之"林"的形，或浓缩或高度概括为园林中之林，三株、五株自由栽植，取其自然而又均衡，相似而又对比的法则，以求得自然的风格。

在中国的传统园林中，极少将自然的树木修剪成人工的几何图形，即使是整枝、整形，也是以自然式为主，一般不做几何图形的修剪。

5.4.3 引自然之象

中国园林的核心是景。景的创造常常借助大自然的日、月、星、辰、云、雾、风、雪等天象。如杭州花港观鱼的"梅影坡"，乃引"日"之影，而成"地之景"；承德避暑山庄的"日月同辉"，是引"日"之象，造"月"之景；而无锡寄畅园的"八音涧"，是借"泉石''之自然物，而妙造"声"之景。这些手法都是引自然之景象，而构成造园中的一种绝招。而植物景观中，如宋代林逋所描写的"疏影横斜水清浅，暗香浮动月黄昏"这样一种梅花配置形成的高雅风格，就是以水边栽植梅花，借水影、月影、微风，来体现时空的美感，创造出一种极为自然生动、静中有动、虚无缥缈的赏梅风格。

5.4.4 受自然之理

自然物的存在与形象，都有一定的规律。山有高低起伏，主峰、次峰。水有流速、流向、流量、流势。植物有耐阴喜光、耐盐恶湿、快长慢长、寿命长短，以及花开花落、季相色彩的不同，这一切都要符合植物的生态习性规律，循其自然之理，充分利用自然因素，才能创造丰富多彩的园林景观。

5.4.5 传自然之神

这是较为深奥的一种要求，它触及设计者与游赏者的文化素质。如能超越以上4种造景的效果，则可产生“传神”之作。能做到源于自然而高于自然者，多是传达了自然的神韵，而不在于绝对模仿自然。故文人造园，多以景写情，寄托于诗情画意。造景来于自然，而写情与作画，则是超越自然。这些才是中国传统园林最丰厚的底蕴与特色。园林风格的创造，固然要继承本国园林的优秀传统，也要吸收借鉴国外园林的经验。而今天园林风格创作的重点，则是以优美的环境来适应现代中国人的生活情趣，提升其文化素养。

故园林风格所要给予人们的，可归纳为“景、意、情、理”4个字。景是客观存在的一种物象，是看得见、听得到、嗅得着（香味），也摸得着的实体。这种景象能对人的感官起作用，而产生一种意境。有这种意境，就可产生诗情画意，境中有意，意中有情，以此表现出中国园林的特色与风格。

植物则是创造由景物→意境→情感→哲理过程中的主要组成部分。植物春夏秋冬四季季相本身，就是大自然的变化，通过植物生长中干、叶、花、果的变化，以及花开花落、叶展叶落和幼年、壮年、老龄的种种变化而有高低不同，色彩不同，形态花朵的不同，展现出春华（以花胜）、夏荫（以叶胜）、秋叶（以色胜）、冬实（以果胜）的季相，它是不同植物种类的交换，也是植物空间感开阔或封闭的交换，是空间的调剂者，可从中获得事物荣枯的启示，也是一种无穷变化的自然美的体现。

园林植物造园的风格，是利用自然，仿效自然，又创造自然，对自然观察人微，由“物化”而提升到”入神。又由于植物这一园林基本要素的自然本性，在表现“大自然体系”上，比其他园林要素更深，更广，也更具有魅力！总之，中国园林植物造园的风格，是自然的形象，诗情画意的底蕴和富有哲理的人文精神！

自然的美不变（或极其缓慢），但时代的变化则是比较快的，人们常常会用时代的审美观念来认识发现和表达对自然美的欣赏，并创造园林中的自然美。而这种美不能仅仅是贴上时代的标签，或以时代的种种符号剪贴于园林画面设计于园林中。还需要我们以时代精神（代表多数人）来更细致地观察自然的本质美，深刻领悟自然美的内在涵义——体现于“神”的本质，犹如诗人观察植物那样的细微、入神，才能真正创造“源于自然”、“高于自然”的“传神”之作。

而这个“神”又在哪里呢？它体现于自然物的形、质所表现于人文精神而产生的理念。孔子对水的“八德”的认识，对“仁者乐山，智者乐水”的论断，以及人们对植物的拟人化的种种表述，乃至宗教树种的传说和特殊功能的运用等等，都是由表及里的认识而赋予人文精神的理解、欣赏与运用（创造）的。而所有这些，都表现于园林创作的“门槛”——立意，然后以各种手段、方法来建造体现立意的物境，这样才能产生出传神的、时代的园林意境。

6 园林绿地植物配置中常见的景观植物

景观植物是园林中重要的元素，以其特有的点、线、面、外轮廓以及个体和群体组合，形成有生命活力的复杂流动性的空间，这种空间具有强烈的可赏性，同时这些空间形成，给人以不同的感觉，这正是人们利用植物形成空间不同效果的目的。不同的景观植物所表现的景观效果是不同的，园林植物的配置中常见的景观植物有三类。

6.1 乔 木

乔木是植物景观营造的骨干材料，有明显高大主干，枝叶繁茂，绿量大，生长年限长，景观效果突出，在园林中占有重要的地位。所以说在很大程度上，熟练掌握乔木在园林中的造景方法是决定植物景观营造成功的关键。

乔木以观赏特性为分类依据，可以把乔木分为常绿针叶乔木，阔叶乔木。

6.1.1 常绿针叶类及其在园林中的应用

6.1.1.1 黑松(日本黑松) *Pinus thunbergii* Pari

[**形态**]乔木，高可达 30 m，幼树树皮暗灰色，老则灰黑色，冬芽银白色，针叶 2 针一束，暗绿色，有光泽，粗硬。球果长 4 ~ 6 cm，鳞脐下陷。

[**生态**]喜光，在排水良好的酸性、中性或钙质黄土上均能生长，亦能耐盐碱。

[**分布**]原产日本及朝鲜南部海岸，大连市有栽培。

[**栽培**]播种繁殖。该种抗病力较强，在松干蚧危害的辽南地区，极少受害，长势旺盛。

[**用途**]冬芽银白色，是优良观赏树种。常作孤植树或三株栽植。

6.1.1.2 长白松(美人松) *Pinus sylvestris vav. sylveestriformis.*

[**形态**]常绿乔木，高达 30 m，胸径 25 ~ 40 cm。树干通直、平滑，下中部以上树皮棕黄色至金黄色。叶 2 针一束，稍粗硬。一年生小球果具短梗，弯曲下垂。

[**生态**]喜光，较耐瘠薄土壤，深根性。在高海拔地区多与长白落叶松、红松、长白鱼鳞云杉等混生。

[**分布**]产于吉林长白山北坡海拔 800 ~ 1 600 m。熊岳、沈阳等地有栽培。

[**栽培**]播种繁殖，幼树生长速度和落叶松相近。

[**用途**]树干通直、干皮美观、树冠苍翠，宜做庭园观赏树。可孤植、丛植或

群植。

6.1.1.3 扫帚油松 *Pinus tabulaeformis var,umbraculifera* Liou et Wang

[形态]常绿小乔木,高 8 ~ 15 m,仅下部主干明显,上部大枝向上斜展、形成扫帚形树冠。

[生态]同油松。

[分布]产于辽宁千山慈祥观前,现鞍山、沈阳、北京有栽培。

[栽培]播种繁殖,鞍山山咀子苗圃 1980 年由千山慈祥观采种,已进行播种育苗。

[用途]庭园观赏名贵树种。宜孤植或丛植。

6.1.1.4 油松 *Pinus tabulaeformis* Carr.

[形态]常绿乔木,高达 25 m,胸径达 1 m 以上。树冠在壮年期呈伞形或广卵形在老年期呈盘状或伞形。叶 2 针一束,球果卵形、花期在 4 ~ 5 月。果翌年 10 月成熟。

[生态]温带树种,喜光,幼苗稍需庇荫。抗寒、需干旱瘠薄,深根性、不耐水涝、不耐盐碱,以深厚肥沃的棕壤及淋溶褐土上生长最好。

[分布]华北为分布中心、西北、西南亦有,辽宁的开原、清原一带是其分布的东北界限。沈阳著名的清代福陵、昭陵有三百多年的古油松群,甚为壮观。本种为沈阳市树。

[栽培]播种繁殖,油松的天然落种自然出苗能力很强。这对天然更新或者人工促进天然更新是很有利的。

[用途]树形优美,适于孤植、丛植,亦可混交种植,又是荒山造林树种。

6.1.1.5 樟子松 *Pinus sylvestris var. mongolica* Litv.

[形态]常绿乔木,高达 30 m,胸径 70 cm。幼树树冠尖塔形,老树呈圆顶或平顶。叶 2 针一束,较短硬而扭旋。球果长卵形,果柄下弯。花期在 5 ~ 6 月,球果翌年 9 ~ 10 月成熟。

[生态]喜光,很耐寒及耐瘠薄干燥土壤,能生于沙地及石砾地带,生长速度较快,忌重盐碱及各种积水。

[分布]大兴安岭山地,小兴安岭北部海拉尔以西、以南沙地及内蒙古、辽宁、新疆有栽培。

[栽培]播种繁殖,幼树耐阴性也很弱,根系发达。

[用途]沈阳以北至西北等城市作防护林及绿化配植用。

6.1.1.6 赤松 *Pinus densiflora Sieb. et* Zucc.

[形态]常绿乔木,高 30 m,胸径可达 1.5 m。树冠圆锥形或扁平伞形。树皮橙红色,叶 2 针一束。球果圆卵形或卵状圆锥形,花期在 4 ~ 5 月,球果翌年

9 ~ 10 月成熟。

[**生态**]喜光,抗风力强,适生于温带,耐瘠薄土壤,不耐盐碱,在黏重土壤上生长不良。

[**分布**]黑龙江、吉林长白山区、山东半岛等地。日本、朝鲜、俄罗斯亦有分布。

[**栽培**]播种繁殖,生长较快。应注意病虫害防治。

[**用途**]树形美观,适于作观赏造园树种。

6.1.1.7　华山松 *Pinus armandi* Franch.

[**形态**]常绿乔木,高可达 30 m,胸径 1 m。树冠广圆锥形。幼树树皮灰绿色,老则裂成方形厚块片固着树上。叶 5 针一束,叶质柔软。球果圆锥状长卵形,成熟时种鳞张开,种子脱落。花期在 4 ~ 5 月,球果次年 9 ~ 10 月成熟。

[**生态**]喜光,但幼苗须适当庇荫。喜温和凉爽、湿润气候。喜排水良好的酸性黄壤、黄褐壤土或钙质土。耐寒,不耐炎热,不耐盐碱。

[**分布**]原产山西、甘肃、河南、湖北及西南各省,大连、沈阳地区有栽培。

[**栽培**]播种繁殖,生长速度中等而偏快。

[**用途**]树色翠绿,树形优美,适作造园树、庭院树、行道树,也可片植。

6.1.1.8　日本五针松 *Pinus parviflora* S. et Z.

[**形态**]常绿乔木或呈灌木状,高 2 ~ 5 m。叶 5 针一束,长 3.5 ~ 5.5 cm,边缘有细锯齿。球果卵形或卵状椭圆形,长达 7.5 cm,种翅短于种子长。

[**生态**]喜光,稍耐阴,不耐寒。忌湿畏热。

[**分布**]原产日本,青岛、大连、丹东可露地越冬。

[**栽培**]播种或嫁接繁殖。

[**用途**]通常作为盆景用。露地可孤植、列植、丛植。

6.1.1.9　偃松 *Pinus pumila* (Pall.) Regel

[**形态**]灌木或小乔木,高 1 ~ 6 m,分枝很多,丛生,大枝伏卧状,先端斜上。叶通常 5 针一束,稀为 3 ~ 8 针一束,长 4 ~ 8 cm,硬直,断面为多角状三角形,下面有明显的气孔线。雄花椭圆形黄色,雌花卵形紫色,花期在 6 ~ 7 月,球果卵形,种子无翅,三角状卵形,9 月成熟。

[**生态**]耐阴树种,喜生于阴湿山坡,大兴安岭落叶松林下生长较为繁茂。构成郁闭的下木层。在山顶岩石缝中也能生长,低矮。

[**分布**]黑龙江、内蒙古大兴安岭、吉林、辽宁有分布。俄罗斯、朝鲜、日本也有分布。

[**栽培**]播种繁殖,种子调制后及时沙藏处理,翌年春季播种,播种床需遮荫。

［用途］种子榨油，可食。是园林绿化优良常绿树种。可配置树丛、假山、岩石庭园、花坛之点缀，也可做大盆景等。

6.1.1.10　红松（果松）*Pinus koraiensis* Sieb. et Zucc.

［形态］常绿乔木，高达 40 m，胸径 1 m，树冠卵状圆锥状。叶 5 针一束，粗硬。球果圆锥状长卵形。花期在 6 月，球果翌年 9～10 月成熟。

［生态］喜光，抗寒性强，喜深厚肥沃、排水良好而适当湿润的微酸性土壤，对有害气体抗性较弱。

［分布］长白山、完达山和小兴安岭。俄罗斯、朝鲜、日本亦有分布。

［栽培］播种繁殖，种壳坚厚，播种前必须催芽。种子发芽期间床面要经常保持湿润，幼苗较喜阴。

［用途］红松高大壮丽，宜作为风景林及庭园配植用。

6.1.1.11　青扦云杉（青扦）*Picea wilsonii* Mast.

［形态］常绿乔木，高可达 50 m，胸径 1.3 m，树冠塔形。叶针状四棱形，较细短，排列较密。球果卵状圆柱状长卵形，花期在 4 月，球果 11 月成熟。

［生态］耐阴性强、耐寒、喜凉爽湿润气候，适应力强。喜排水良好，土层深厚的微酸性土壤。

［分布］原产华北、西北及湖北、四川等地。沈阳、哈尔滨有栽培。

［栽培］播种繁殖，适当密播，当年不间苗。苗期生长较慢，10 年生长可到 2 m。

［用途］枝叶繁密，树形优美，叶色蓝灰为常用庭园及街路绿化树种。可孤植、对植、列植或丛植。

6.1.1.12　白扦云杉（白扦）*Picea meyeri* Rehd.

［形态］常绿乔木，高可达 30 m，胸径 60 cm，树冠狭圆锥形，叶四棱状条形，弯曲，呈灰绿色，叶端钝。球果长圆状圆柱形，花期在 4～5 月，果 10 月成熟。

［生态］较耐阴、耐寒。浅根性，喜空气湿润，但在土层厚而较干处，根生长稍深。

［分布］是国产云杉中分布较广的一种，在山西、河北、内蒙等地及辽宁、黑龙江、河南、北京等省区均有栽培。

［栽培］播种繁殖。苗期应设荫棚，冬季应保护。适当密播，当年不间苗，苗期常灌溉。

［用途］树形端正，枝叶茂密，叶色白灰色，最适孤植、丛植用于造园配植。

6.1.1.13　红皮云杉 *Picea koraiensis* Nakai

［形态］常绿乔木，高达 30 m 以上，胸径 80 cm，树冠尖塔形，小枝上有明显的叶枕；叶横切面菱形。球果卵状圆柱形或圆柱状矩圆形，9～10 月成熟，熟后

褐色,花期在 5 ~6 月。

[**生态**]耐阴性较强,浅根性。适应性较强,较耐湿,喜空气湿度大及排水良好、土层肥沃的环境中生长。

[**分布**]小兴安岭、吉林山区。朝鲜及俄罗斯乌苏里地区。东北各城市有栽培。

[**栽培**]播种繁殖,应适当密播,幼苗期要经常灌溉,苗木生长慢,当年不间苗,3 ~4 年生换床苗定植。

[**用途**]树姿优美,可孤植、列植或丛植,为常用造园树种。

6.1.1.14　青海云杉 *Picea carassifolia* Kom.

[**形态**]常绿乔木,高达 23m,胸径 60 cm,2 年生枝粉红色,多被明显或略明显之白粉。球果成熟前种鳞上部边缘紫色,背部绿色。

[**生态**]好生于湿润肥沃之地,常于山谷和阴坡组成纯林,耐干冷气候,幼树稍耐阴,长大后喜光,浅根性。

[**分布**]产于青海祁连山区,宁夏贺兰山、六盘山及内蒙古大青山。沈阳有栽培。

[**栽培**]播种繁殖。应适当密播,幼苗生长缓慢,4 年生苗高 16 cm。

[**用途**]可孤植、群植、列植、对植或庭园草坪上栽植。

6.1.1.15　长白鱼鳞云杉 *Picea jezoensis var. komarovii*(V. Vassil.)Cheng et L. K. Fu

[**形态**]常绿乔木,高达 40 m,胸径达 1 m,树冠尖塔形,枝较短,平展,树皮灰色,裂成鳞状块片,球果 9 ~10 月成熟,呈淡褐色或褐色。

[**生态**]耐高寒气候,喜生于湿润肥沃之地。浅根性、稍耐阴。对风烟抗力弱。

[**分布**]大、小兴安岭、吉林东部及南部山区海拔 600 ~1 800 m 处。日本、朝鲜、俄罗斯也有分布。辽宁东部高山有野生。

[**栽培**]播种繁殖,幼苗生长较慢。当年不间苗,4 年生换床苗方可定植。

[**用途**]庭院观赏树。宜孤植、列植、群植。

6.1.1.16　欧洲云杉(挪威云杉)*Picea abies*(L.)Karst.

[**形态**]常绿乔木,高可达 60 m,胸径 4 ~6 m,大枝斜展,小枝下垂,叶四棱状条形,球果圆柱形,较大,长 10 ~15 cm,果鳞先端截形或微凹。

[**生态**]耐阴、耐寒,根系浅,对风烟抗力均弱,在气候凉润、土层深厚、排水良好的微酸性土壤上生长良好。

[**分布**]原产欧洲中部及北部,为北欧的重要树种。我国庐山、青岛及熊岳、大连、沈阳有栽培。

[**栽培**]播种繁殖。应适当密播，幼苗期间经常浇灌，以保持湿润。苗木生长缓慢，当年不间苗。

[**用途**]枝条细弱下垂，观赏价值较高，为优良庭院树种，可孤植、群植、列植。性耐修剪，也可作为绿篱。

6.1.1.17　雪松 *Cedrus deodara* G. Don.

[**形态**]常绿乔木，高可达 60 m，树冠圆锥形，叶针形，长 2.5 ~ 5 cm。雌雄同株，球果椭圆状卵形，长 7 ~ 10 于 cm。雄花期 10 月下旬至 11 月上旬，雌花期 11 月上旬至中旬，球果翌年 10 月成熟。

[**生态**]喜光，喜气候温和凉润，土壤深厚肥沃，高燥而富含腐殖质的沙壤土不耐严寒，生长较快，寿命长。

[**分布**]原产于我国西藏西部，印度、阿富汗也有，东北只大连地区有栽培。

[**栽培**]播种、扦插繁殖。幼苗需防寒。

[**用途**]是世界著名观赏树木之一。可孤植、列植、丛植或成片栽植。

6.1.1.18　华北落叶松 *Laris gmelinii var. principis - rupprechtii* Pilger

[**形态**]乔木，高达 30 m，胸径 1 m。树冠圆锥形。树皮暗灰褐色，不规则纵裂成小块片脱落。叶窄条形。球果长圆状卵形或卵圆形。花期在 4 ~ 5 月，果熟期 10 月。

[**生态**]喜光、耐寒，对土壤适应性强。在山地棕壤土生长最好。

[**分布**]在山西、河北、内蒙古、山东、辽宁、陕西、甘肃、宁夏、新疆等地有天然分布和栽培。

[**栽培**]播种繁殖，幼苗需适当庇荫，根系较浅，移栽较难。

[**用途**]树冠端丽、树叶色泽鲜绿，可于日照充足处栽植。园林中可孤植、丛植或成片栽培。

6.1.1.19　日本落叶松 *Larix kaempferi* Carr.

[**形态**]乔木，高可达 30 m，胸径达 1 m，枝斜展或近于平展，树冠卵状圆锥形。一年生长枝淡黄或淡红褐色，有白粉。球果广卵形，长 2 ~ 3 cm，种鳞上部边缘向后反卷。

[**生态**]喜光，生长快，抗病力强，对风大、干旱环境以及土壤瘠薄或黏重者生长不好。对水分要求较高。

[**分布**]原产日本。我国山东、河南、河北、江西及沈阳均有栽培。

[**栽培**]播种繁殖。幼苗应适当庇荫，如栽植密度稍大，下枝易枯萎。

[**用途**]树叶色泽鲜绿、树冠端丽，可做造园树种。与阔叶树混植或团丛式混合配置效果好。

6.1.1.20　黄花落叶松 *Larix olgensis* Henry

[**形态**]乔木,高可达40 m,树冠尖塔形。一年生枝淡红褐色或淡褐色,球果卵形或卵圆形,长1.4~1.5 cm,苞鳞不外露,花期在4~5月,果8月中旬成熟。

[**生态**]喜光,幼苗亦不耐庇荫,耐严寒,喜湿润,适应性强,对土壤水肥条件要求不高,有一定耐旱,耐水湿能力。

[**分布**]在长白山主要分布于海拔500~1 900 m之间,东北各地有栽培。朝鲜北部及俄罗斯远东地区也有分布。

[**栽培**]播种繁殖。根系较浅,移植较难,易遭风害,栽植成活后,应进行培土。

[**用途**]可于日照充足,风害较小处植栽。宜与阔叶树混植或团丛式混合配置。

6.1.1.21　落叶松 *Larix gmelini*(Rupr.)Rupr.

[**形态**]乔木,高30 m,胸径80 cm,树冠卵状圆锥形,一年生长枝和短枝均较细,枝径约0.2~0.3 cm,球果熟时上端种鳞张开,苞鳞不外露,但果基部苞鳞外露。

[**生态**]喜光,极耐寒,对水分要求较高,对土壤适应能力强,生长较快,抗烟力较弱。

[**分布**]东北大、小兴安岭及辽宁省。

[**栽培**]播种繁殖,一年生苗有2个生长高峰,即7月下旬和8月下旬,不宜与松树混栽。幼苗应适当庇荫,如果栽植密度稍大,下枝易枯萎。

[**用途**]树冠呈圆锥形,叶轻柔潇洒,叶色鲜绿,可孤植、群植、片植。如与阔叶树混植或团丛式混合配置效果更好。

6.1.1.22　欧洲落叶松 *Larix decidua* Mill.

[**形态**]乔木,高达35 m,枝斜展,树冠卵状圆锥形。一年生枝淡黄色或淡灰黄色,无毛。叶倒披针线形。球果变异较大,为卵圆形或卵状圆柱形,通常有40~50片种鳞。

[**生态**]喜光,对水分要求较高,适应性较强,在排水良好,土层肥厚的缓坡地长势最好。

[**分布**]原产于欧洲,我国东北的熊岳及沈阳等地有栽培。

[**栽培**]播种繁殖。幼苗畏烈日,应予适当庇荫。如栽植密度稍大,下枝易枯萎。

[**用途**]以具有优美之树叶、端丽之树冠供造园观赏。可于日照充分、风害较少处栽植,孤植、群植均可。

6.1.1.23　臭冷杉 *Abies nephrolepis*(Trautz.)Maxim.

[**形态**]常绿乔木,高 30 m,胸径 50 cm,树冠尖塔形。叶条形,营养枝上之叶端有凹缺或两裂,球果卵状圆柱形或圆柱形,熟时紫褐色,直立无柄,花期在 4~5 月,果当年 9~10 月成熟。

[**生态**]耐阴性强,喜生于冷湿的气候与湿润深厚土壤,根系浅,在排水不良处生长较差。

[**分布**]河北、山西、辽宁、吉林及黑龙江省东部.

[**栽培**]播种繁殖,幼苗期可全光育苗或设荫棚。

[**用途**]可列植、丛植或成片栽植。

6.1.1.24　杉松冷杉 *Abies holophylla* Maxim.

[**形态**]常绿乔木,高 30m,胸径 1 m,树冠阔圆锥形,老龄时为广伞形。叶条形。花期在 4~5 月,球果圆柱形,直立,近无柄,熟时淡褐色,当年 10 月成熟。

[**生态**]耐阴性强,较云杉尤喜冷湿。喜生于土层肥厚的阴坡,不耐高温及干燥,浅根性。抗烟尘能力较差。

[**分布**]产于吉林、黑龙江及辽宁省东部。为长白山及牡丹江山区主要森林树种之一。俄罗斯西伯利亚及朝鲜亦有。

[**栽培**]播种繁殖,幼苗期生长缓慢,十余年后生长加速。

[**用途**]宜列植或片植,可在建筑物北侧及其他林冠庇荫下栽植。在公园和庭院里可配植成树丛或孤植。

6.1.1.25　东北红豆杉(紫杉)*Taxus cuspidata* Sieb. et Zucc.

[**形态**]常绿乔木,高达 20 m,胸径达 1 m。树皮红褐色,有浅裂纹。叶条形,排成两列,V 形斜展,表面深绿色,有光泽。种子卵圆形,紫红色,假种皮肉质,浓红色,上部开孔,花期在 5~6 月,种子 10 月成熟。

[**生态**]耐阴树种,抗寒性强。其生长地气候冷湿,土壤疏松、肥、排水良好,忌积水和沼泽地。浅根性,侧根发达。

[**分布**]产于吉林老爷岭、张广才岭及长白山区。辽宁有分布,散生于林中。大连、丹东、沈阳有栽培。日本、朝鲜、俄罗斯也有分布。

[**栽培**]播种或扦插繁殖,春、夏都可扦插,成活率较高。甚耐修剪。

[**用途**]园林绿化的珍贵观赏树,可孤植、对植或丛植。

6.1.1.26　矮紫杉 *Taxus cuspidata* cv. Nana

[**形态**]半球状密纵常绿灌木,植株较矮,叶较紫杉密而宽,其他同原种。

[**生态**]耐阴树种,抗寒性强。积水地、沼泽地、岩石裸露地则不能生长。浅根性,侧根发达。

[**分布**]原产于日本。大连、丹东、沈阳等地有栽培。

[**栽培**]软枝扦插易成活。春季、夏季均可露地扦插,耐遮荫。冬季亦可在温室内扦插。耐修剪。

[**用途**]园林珍贵的常绿观赏灌木。宜孤植、列植、丛植,也可以做绿篱。

6.1.1.27 西安桧 *Sabina chinensis* cv. Xian

[**形态**]常绿乔木,高可达 15 m,树冠为塔形。枝条紧密,斜上生长。幼龄或壮龄树无鳞状叶或极少鳞状叶。雄花球顶生或腋生,花期在 5 月,无雌株。

[**生态**]喜光,稍耐寒,忌水涝。

[**分布**]原产河南鄢陵地区。西安栽培较多,沈阳及鞍山、大连、抚顺、本溪等地有栽培。适宜沈阳以南地区。

[**栽培**]本种为非自然分布种,为雄株无性系。只用扦插繁殖,成活率较高。

[**用途**]因树势粗壮优美,叶色鲜绿,被广泛用于造园配植,可孤植、列植或丛植。

6.1.1.28 兴安桧 *Sabina davurica*(Pall.)Ant.

[**形态**]常绿匍匐灌木,多分枝,密生。刺叶、鳞叶并存,刺叶交互对生。球果通常呈不规则球形,熟时暗褐色至蓝绿色,被白粉。

[**生态**]耐寒、耐瘠薄,喜生于多石山或山峰岩缝中。在林下生长不良。

[**分布**]产于大兴安岭海拔 400 ~ 1 400m 地带,长白山海拔 1 000 m 以上地带。朝鲜、俄罗斯亦有分布。哈尔滨、沈阳等地有栽培。

[**栽培**]用种子或扦插繁殖。

[**用途**]山地水土保持树种。亦为稀有的庭园观赏树。

6.1.1.29 丹东桧 *Sabina chinensis* cv. Dandong

[**形态**]常绿乔木,高达 10 m,树冠圆柱状尖塔形或圆锥形,侧枝生长势强,主枝生长势较弱,冬季叶色呈深绿色。

[**生态**]喜光、耐寒。在吉林省及黑龙江省也可栽培。

[**分布**]东北三省均有,沈阳以南栽培较少。

[**栽培**]一般扦插繁殖,成活率较高,也可种子繁殖。

[**用途**]庭院观赏树种,最适宜修剪整形和作绿篱。此栽培变种在桧柏类中耐寒性较强。

6.1.1.30 天山圆柏 *Juniperus semiglobosa* Regel

[**形态**]常绿灌木,高 4 m 左右,其枝条自地表向四周匍匐而其尖端覆向上生长,小枝稍细弱。鳞状叶菱状卵形,先端钝或尖,长 0.9 cm,背面有腺,暗绿色,针状叶稍开展,长约 3 cm,表面凹下,中肋明显,被有白粉。花雌雄同株或异株。果实着生于稍曲的小枝上,近于半圆形,顶端平,径 3 ~ 6 cm,深褐色,种子

四粒。

[**生态**]适应性强,无病虫害,喜生长在湿润土地。

[**分布**]产于天山及新疆南部。

[**栽培**]扦插繁殖。

[**用途**]树形优美,是园林绿化优良地被植物,可以配植成树丛,栽植于岩石园或点缀草坪等。1993 年引到哈尔滨,生长良好。

6.1.1.31　侧柏 *Platycladus orientalis* Franco

[**形态**]常绿乔木,高达 20 m,胸径 1 m。幼树树冠卵状尖塔形,老则广圆形。大枝斜出,小枝直展、扁平,叶全为鳞片状。雌雄同株,球果卵形,成熟后开裂,花期在 4 月,果熟期 10 月。

[**生态**]喜光,有一定耐阴力,喜温暖湿润气候,在沈阳以南生长良好,耐瘠薄,抗盐性强,耐修剪。

[**分布**]原产于华北、黄河及淮河流域。沈阳地区有栽培。

[**栽培**]播种繁殖,生长速度中等偏慢,幼树生长较快,寿命长。

[**用途**]造林树种,也是北方常用的园林树种,亦可用作绿篱。

6.1.1.32　圆柏 *Sabina chinensis* Ant.

[**形态**]常绿乔木高达 20 m,胸径达 3.5 m。树冠尖塔形或圆锥形,老树则成广卵形,球形或钟形。老树或老枝上的叶为鳞状交互对生,幼树或幼枝上叶为刺状 3 枚轮生。球果圆形、浆果状。花期在 4 月下旬,翌年春果熟。

[**生态**]喜光,耐阴性很强,耐寒,耐热,对土壤要求不严,深根性,侧根也发达,寿命长。对多种有害气体有一定抗性,阻尘和隔音效果良好。耐修剪。

[**分布**]原产于华北。吉林、内蒙古以南均有栽培。朝鲜、日本也有分布。

[**栽培**]播种或扦插繁殖。种子播种前,需催芽处理。

[**用途**]园林中应用极广,常做庭园树、行道树、绿篱等。可孤植、丛植、列植。值得注意的是,此种变异较多,世界上有 60 余个变种或栽培变种。东北地区常见有 8 个栽培变种或变种。

6.1.1.33　龙柏 *Sabina chinensis* cv. Kaizuca

[**形态**]常绿小乔木,高可达 8 m。树冠窄圆柱状塔形,分枝低,枝条向上直展,常扭转上升,小枝密,多为鳞叶,树冠下部有时具少数刺叶。

[**生态**]喜高燥、肥沃而深厚的中性土壤。排水不良之处,常引起烂根。耐热而又较耐寒,萌芽力强,可摘心整形。

[**分布**]长江流域、华北及大连地区均有栽培,沈阳市内在小气候条件下有试验栽培。

[**栽培**]本种是较常见的栽培变种,树形优美,嫁接或扦插繁殖。

[**用途**]常列植于建筑物两侧或自然丛植于草坪以及修剪造型。

6.1.1.34　沈阳桧(塔柏)*Sabina chinensis* cv. Shenyang

[**形态**]常绿乔木,高可达 15 m。树冠幼时为锥状,大树则为尖塔形,枝向上直展,密生。幼树多为刺叶,大树多为鳞叶,叶色深绿。全为雄株。雄花球长椭圆形。

[**生态**]喜光,耐寒性强,忌水涝,

[**分布**]此栽培变种,目前只在沈阳、哈尔滨、长春有栽培。

[**栽培**]本种至今未见雌株,只靠扦插繁殖,成活率较低。近年采在长春、哈尔滨等地试验栽培生长良好。

[**用途**]本栽培变种的大树枝条呈螺旋状扭曲,树姿优美,树冠呈圆柱状尖塔形,是北方地区珍贵造园树种之一。观赏价值很高。宜孤植、对植、列植或丛植。

6.1.1.35　偃柏 *Sabina chinensis var. sargentii* Cheng et L. K. PU

[**形态**]常绿匍匐灌木,小枝上伸成密丛状,明显为四棱形,树高 0.6 ~ 0.8 m,冠幅 2.5 ~3.0 m。老树几乎全部为鳞叶。幼树之叶常针刺状,刺叶通常交叉对生,排列较紧密。球果较小,带蓝色,有白粉,种子 1 ~2 粒。

[**生态**]喜光,耐寒性强,耐瘠薄土壤,可生于高山及海岸岩石缝中,有固沙保土之效。

[**分布**]产于东北张广才岭海拔 1 400 m 处及本溪、宽甸等地。哈尔滨、沈阳有栽培。俄罗斯、日本亦有分布。

[**栽培**]扦插栽培。

[**用途**]可供岩石园栽培及作为盆景观赏,也是良好地被植物。

6.1.1.36　铺地柏(爬地柏)*Sabina procumbens* lwata et Kusaka

[**形态**]匍匐常绿小灌木,高达 0.75 m,冠幅达 3 m,贴近地面伏生。叶全为刺叶,3 叶交叉轮生,叶基下延生长。果球形,内含种子 2 ~3 粒。

[**生态**]喜光,喜海滨气候,适应性强,能在干燥的沙地上生长良好,喜石灰质的肥沃土壤,忌低湿地。耐寒、萌蘖力强。

[**分布**]原产日本。我国黄河及长江流域有栽培,辽宁地区亦有栽培。

[**栽培**]扦插繁殖成活率较高。

[**用途**]园林中配植于岩石园或草坪角隅,又为缓土坡的良好地被植物。在庭园成片配置更觉葱郁丰满。

6.1.1.37　北美圆柏(铅笔柏)*Sabina virginiana* Ant.

[**形态**]常绿乔木或灌木,高达 20 m,树冠稠密,呈圆锥形或柱状圆锥形。小枝细,四棱。幼龄树为刺形叶,对生或三叶轮生。而老龄树为鳞形叶排列疏

松,紧靠小枝。

[**生态**]喜光,喜土层深厚、排水良好的肥沃土壤。

[**分布**]原产于北美。我国南京、北京及华北地区有栽培。

[**栽培**]播种繁殖,沈阳及以南地区有栽培。

[**用途**]园林观赏树,可孤植、列植或丛植,也可盆栽供观赏。

6.1.1.38 粉柏(翠柏)*Sabina squamata* cv. Meyeri

[**形态**]直立常绿灌木,枝条上伸,小枝茂密短直。叶刺形,长0.6~1.0 cm,两面被白粉。球果卵形,长约0.6 cm。

[**生态**]喜光,喜石灰质肥沃土壤,较耐寒,忌低湿。

[**分布**]原产我国中部及西部,黄河流域至长江流域各地常有栽培,沈阳以南地区有栽培。

[**栽培**]繁殖多以侧柏为砧木,进行枝接或靠接。

[**用途**]庭园观赏树或盆栽。

6.1.1.39 砂地柏(叉子圆柏)*Sabina vulgaris* Ant.

[**形态**]匍匐常绿灌木,高不及1 m。刺叶常生于幼树上,鳞叶交互对生,斜方形先端微钝或急尖,被面中部有明显腺体。多雌雄异株。球果熟时褐色、紫蓝色或黑色。

[**生态**]极耐干旱,生于石山坡及沙地和林下。耐寒、生长势旺。

[**分布**]新疆、宁夏、内蒙古、青海、甘肃等省区。南欧至中亚、内蒙古也有分布。北京、西安、大连、沈阳、长春、哈尔滨等地均有栽培。

[**栽培**]扦插繁殖成活率高。

[**用途**]可作为园林绿化中的护坡、地被及固沙树种。亦可整型或作绿篱。

6.1.2 阔叶乔木及其在园林中的应用

6.1.2.1 银杏(白果)*Ginkgo biloba* L.

[**形态**]落叶乔木,高15~20 m(少数高至40 m),胸径50~100 cm,叶在长枝上螺旋状散生,在短枝上丛生。叶片扇形,顶端2浅裂,叶脉叉状分枝。花单性异株,菜雄花为荑花序状。雌花丛生,有长柄,种子核果状,外种皮肉质,熟时橙黄色,花期在4~5月,种熟期9~10月。

[**生态**]喜光,深根性,喜温暖湿润及肥沃平地,忌水涝,寿命长,树龄可达千年。

[**分布**]中国特产,广为栽培。沈阳以南,广州以北均有栽培,浙江天目山有野生。

[**栽培**]播种育苗,移苗前先切断主根,促使多发侧根。可裸根移栽,因萌发力弱,一般不宜剪枝。

[**用途**]树势高大,叶形奇特,秋呈金黄。为珍贵观赏树种,宜作行道树、庭院树。孤植、群植均佳。种子和叶可入药。

6.1.2.2 核桃楸(山核桃)*Juglans mandshurica* Maxim.

[**形态**]乔木,高达20 m,胸径60 cm。树冠广卵形,小枝幼时被密毛。小叶9~17枚,雄花序腋生,雌花序顶生,花期在5月。果实卵形或椭圆形,果期9月。

[**生态**]喜光,不耐庇荫,喜湿润、深厚、肥沃而排水良好的土壤,不耐干旱和瘠薄。深根性,耐寒性强。

[**分布**]广布于东北东部山区、华北、内蒙古。朝鲜、日本、俄罗斯也有分布。

[**栽培**]播种繁殖,适宜与槭类、椴类等耐阴树种混交种植。栽植宜疏,不可过密,其树形以自然形为宜。

[**用途**]庭荫树。宜孤植、丛植于草坪或列植于路边。

6.1.2.3 银白杨 *Populus alba* L.

[**形态**]乔木,高达35 m,胸径2 m。树冠广卵形或圆球形。树皮灰白色,光滑,雄株干形挺直,幼叶密生白绒毛。雌雄异株,茅荑花序粗壮,花期在4月。

[**生态**]喜光,不耐庇荫,耐干旱,在黏重和过于贫瘠土壤生长优良。深根性,根系发达,萌蘖力强。

[**分布**]原产欧洲。我国西北、华北及辽南均有栽培。沈阳引种栽植。

[**栽培**]用播种、分蘖、扦插等法繁殖。苗木侧枝多,生长期间要及时修剪,摘芽。

[**用途**]庭荫树,孤植、丛植均可。

6.1.2.4 小青杨 *Populus pseudo - simonii* Kitag.

[**形态**]乔木,高达20 m,胸径70 cm。树冠广卵形,叶菱状椭圆形,卵圆形或卵状椭圆形,叶柄较短。雄花序长5~8 cm,花期在3~4月。

[**生态**]喜光,对寒冷气候、干旱瘠薄土壤有较强的适应性。耐盐碱,抗病虫害能力较强。

[**分布**]东北、内蒙古及河北等地。在东北各地栽培已有数十年的历史。

[**栽培**]本种为青杨和小叶杨的杂交种,生长迅速,扦插易活,适应性强。

[**用途**]可孤植或列植,作庭荫树、行道树及营造防护林。

6.1.2.5 小叶杨 *Populus simonii* Carr.

[**形态**]乔木,高25 m,胸径达50 cm,树冠广卵形。干形往往不直。树皮灰褐色,老时变粗糙,纵裂。叶菱状椭圆形,叶柄短而不扁。

[**生态**]耐寒耐旱,喜光,喜肥沃湿润土壤,也能耐瘠薄和盐碱土,侧根发达,主根不明显。

[**分布**]产于我国及朝鲜,在我国分布很广,北起哈尔滨南达长江流域,西至青海、四川。

[**栽培**]播种、扦插均易成活。生长速度较慢,对病虫害的抵抗能力弱。

[**用途**]可作为庭荫树孤植或丛植。也可作为防风林固堤护岸及村镇绿化树种。

6.1.2.6　香杨 *Populus koreana* Rehd.

[**形态**]乔木,高达 30 m,树冠广圆形。小枝圆柱形,初时有黏性树脂,有香气。芽大,长卵形或长圆锥形,先端渐尖,淡红褐色,富黏脂,有香气。短枝叶椭圆形,椭圆状披针形,革质,长 4 ~ 12 cm,先端钝尖,基部宽楔形,上面暗绿色,有明显皱纹,背面呈灰白色,叶柄长 1.5 ~ 3 cm 长枝叶卵状椭圆形或卵状披针形,长 5 ~ 15 cm。茅荑花序下垂,无毛。蒴果绿色,卵圆形无柄。花期 4 月下旬至 5 月初,果期 5 月下旬。

[**生态**]喜光,喜生长在湿润地方。山地林中生长茂盛。

[**分布**]黑龙江省小兴安岭、完达山、张广才岭及老爷岭山地,吉林、辽宁亦有。朝鲜、俄罗斯远东地区均有分布。

[**栽培**]播种及扦插繁殖。

[**用途**]冠大荫浓,宜作庭荫树,可孤植、丛植。

6.1.2.7　钻天杨 *Populus nigra var. italica* Koehne

[**形态**]乔木,高达 30 m,树冠圆柱形。树皮灰褐色,老时纵裂。枝贴近树干直立向上。叶扁三角状卵形或菱状卵形,叶柄扁而长,花期在 4 月。

[**生态**]喜光,喜湿润土壤,耐寒,耐空气干燥和盐碱地,不适应湿热气候。

[**分布**]起源不明,有黑杨的无性系之说,仅见雄株,广布于欧、亚及北美。我国哈尔滨以南、华北,西北至长江流域均有栽培。

[**栽培**]生长快,但寿命短,40 年左右即衰老。抗病虫害能力较差,扦插繁殖。

[**用途**]丛植于草地或列植于堤岸、路边或作为行道树。亦可用于建防护林。

6.1.2.8　新疆杨 *Populus alba var. pyramidalis* Bunge

[**形态**]乔木,高达 30 m。枝直立向上,形成圆柱形树冠,干皮灰绿色,光滑。短枝之叶近圆形,有缺刻状粗齿,长枝之叶边缘缺刻较深或呈掌状深裂,背面被白色绒毛。

[**生态**]喜光,耐干旱,耐盐渍。适应大陆性气候,在高温多雨地区生长不良。根系较深,萌芽力强,对烟尘有一定的抗性。

[**分布**]中亚、小亚细亚、欧洲。我国北方有引种,沈阳有栽培。

[**栽培**]本变种原产欧洲,我国北方系属栽培,以新疆为普遍。属中湿性树种,抗寒性稍差,在年极最低气温 -30℃以下时苗木易受冻害。本种只见雄株,用扦插或分根繁殖。

[**用途**]优美风景树,行道树及庭园绿化树种。

6.1.2.9 毛赤杨 *Alnus sibirica var. hirsuta* Koidz.

[**形态**]乔木,树皮光滑,灰褐色。一年生枝带褐色,有较密的灰色毛,大枝近无毛。芽卵形,紫褐色,有短柔毛,叶有短柔毛。叶圆形,椭圆状卵形,长 3.5 ~ 11 cm,宽 11 cm,基部圆形或截形,先端短渐尖。叶表面暗绿色,稍有毛,背面有白粉,且有锈色毛,边缘有浅裂和钝齿牙,侧脉 5 ~ 10 对。果穗近球形或卵形,小坚果倒卵形,有翅且窄而厚。花期在 5 月,果熟期 8 ~ 9 月。

[**生态**]喜光,喜生于湿润地带及沿河两侧。

[**分布**]产于东北北部。俄罗斯西伯利亚及朝鲜北部也有分布。

[**栽培**]播种繁殖。

[**用途**]树冠大,叶大,树皮美,是园林绿化优良乔木,也是河岸地带的造林树种。

6.1.2.10 加杨(大叶杨)*Populus* × *canadensis* Moench

[**形态**]乔木,高达 30 m,胸径 1 m。树干通直,树皮灰褐色,粗糙,基部纵裂。树冠卵形,芽大,富黏质。叶三角形或三角状卵形。雄花序长 7 ~ 10 cm,花期在 4 月,雌株极少。

[**生态**]喜温暖湿润气候,耐瘠薄及微碱性土壤。对烟尘污染抗性较强。

[**分布**]本种美洲黑杨和黑杨的杂交种。原产北美东北部。我国在哈尔滨以南,除广东、云南、西藏以外均有栽培。

[**栽培**]扦插繁殖,速生。易遭病虫危害应注意防治。

[**用途**]行道树,庭荫树,防护林及四旁绿化和工矿区绿化。

6.1.2.11 北京杨 *Populus* × *beijingensis* W,Y. Hsu

[**形态**]乔木,高达 25 m,树干通直,主枝粗壮,树冠卵形或广卵形。树皮灰绿色,光滑。长枝或萌枝叶卵圆形或三角状宽卵圆形,短枝叶卵形,雄花序长 2.4 ~ 3 cm,花期在 5 月。

[**生态**]在土壤肥沃、水分充足条件下生长迅速,在干旱瘠薄和含盐碱的土壤上生长较差。

[**分布**]本种 1956 年由中国林科院育成的杂交种。在东北、西北、华北都有栽培。

[**栽培**]用插条繁殖,易成活,抗病虫能力较弱。

[**用途**]作防护林及绿化树种,可孤植、丛植或列植。

6.1.2.12　山杨 *Populus davidiana* Dode

[**形态**]乔木,高达 25 m,胸径 60 cm。树冠圆形或近卵形,树皮光滑。叶三角状卵形或近圆形。雄花序长 5 ~9 cm,花期在 3 ~4 月。

[**生态**]喜光、耐寒,耐干旱瘠薄土壤。

[**分布**]东北、华北、西北、华中及西南等地。日本、朝鲜、俄罗斯也有分布。

[**栽培**]生长稍慢,根萌及分蘖能力强,可用分根、分蘖及播种繁殖。插条及栽干不易成活。

[**用途**]幼叶红艳,可观赏。园林中可孤植、丛植或片植,常作为庭荫树。

6.1.2.13　枫杨 *Pterocarya stenoptera* DC.

[**形态**]乔木,高达 30 m,胸径 1 m 以上。树冠广卵形,裸芽密被锈褐色毛。复叶,小叶 10 ~28 个,雄花生于去年生枝叶腋,雌花生新枝顶端,花期在 5 月。坚果具两斜展翅,果期 8 月。

[**生态**]喜光,较耐阴,生于溪畔、河滩、低湿之地,亦耐干燥。深根性,侧根发达。

[**分布**]华北、华中、华东及西南各地,长江及淮河流域亦常见。辽南及沈阳、抚顺有栽培。

[**栽培**]北方育苗时应注意防寒。萌芽力不强,修剪时应注意弱剪。播种繁殖。

[**用途**]宜草坪、堤岸及池畔栽植。作绿荫树,亦可作行道树。

6.1.2.14　赤杨 *Alnus japonica*(Thunb.)Steud.

[**形态**]乔木,高 20 m,胸径达 60 cm。小枝无毛,叶倒卵状椭圆形或椭圆形,雄花序 2 ~5 个排成总状,下垂。果序椭圆形,花期在 4 月,果期 8 ~9 月。

[**生态**]喜光,耐水湿,多生于沟谷及河岸低湿处。根系发达,生长迅速,有根瘤和菌根。

[**分布**]东北南部及山东、江苏、安徽等省。日本亦有。

[**栽培**]用播种和分蘖法繁殖。移植易成活,枝条较脆,不耐修剪。

[**用途**]本种适于低湿地,河岸、湖畔绿化用,并能起护岸、固土和改良土壤的作用。可孤植或丛植。

6.1.2.15　毛白杨 *Populus tomentosa* Carr.

[**形态**]乔木,高 30 m,胸径达 1 m。树冠圆锥形。树皮灰白色。幼枝、嫩叶、叶柄及叶背均密生灰白色绒毛。

[**生态**]喜光,喜凉爽湿润气候,为温带树种,耐寒力较差。抗烟害、抗污染能力强。

[**分布**]黄河中、下游是适生分布区。辽南及丹东有栽培,沈阳有少量栽培。

[**栽培**]本种为天然杂种，种子稀少，主要用埋条、扦插、嫁接、分蘖等法繁殖。扦插成活较差。

[**用途**]是厂矿绿化重要树种。寿命较长，生长迅速，树冠圆整，树干高大通直。适宜作行道树或城乡四旁绿化，亦可作农田防护林和用材树种。

6.1.2.16　核桃 *Juglans regia* L.

[**形态**]乔木，高达30m，胸径1 m。树冠广卵形至扁球形。复叶，小叶5~9枚。果序短，雄花序长5~15 cm，雌花序具1~4花。花期在5月，果期9~10月。

[**生态**]喜光，喜温暖湿润及排水良好的肥沃土壤或黏质土壤，忌干燥之地。

[**分布**]原产于伊朗。我国新疆及我国中部、南部各省均有分布。沈阳以南有栽培。

[**栽培**]栽植宜疏，树形以自然形为宜，剪枝不宜短截，仅将枯枝，密枝剪去。

[**用途**]庭荫树，宜孤植、丛植、亦可作风景林或供行道树栽植。

6.1.2.17　蒙椴 *Tilia mongolica* Maxim.

[**形态**]乔木，高10 m。胸径30 cm。树皮淡灰色。叶广卵形或近圆形。聚伞花序达10 cm，常有3~5朵花或更多，苞片披针形，花黄色。核果倒卵形或近圆形，淡黄色。花期在7月，果期9月。

[**生态**]喜光，耐干旱、生于向阳山坡或岩石间，常与其他阔叶树混生。

[**分布**]产于辽宁西部、南部及华北。沈阳有栽培。内蒙古也有分布。

[**栽培**]种子繁殖。5~6年生苗木出圃。

[**用途**]宜孤植、丛植，作庭园树。

6.1.2.18　糠椴 *Tilia mandshurica* Rupr. et Maxim.

[**形态**]乔木，高20 m，胸径50 cm。树冠广卵形。树皮灰黑色。叶广卵形或卵圆形，叶背面密被淡灰色的星状短柔毛。聚伞花序有花5~20朵，苞片倒披针形，花黄色。核果近圆球形，黄褐色。花期在7月，果期9月。

[**生态**]喜光，喜生于水分条件较好的杂木林中及林缘或疏林中。常与槭、桦、核桃楸、水曲柳等混生。

[**分布**]东北、华北地区。朝鲜、日本及俄罗斯远东地区也有分布。

[**栽培**]播种及分根繁殖。5~6年生苗出圃。

[**用途**]宜孤植、列植或丛植为庭园树。

6.1.2.19　紫椴 *Tiliaa murensis* Rupr.

[**形态**]乔木，高30 m，胸径达1 m。树冠卵形。树皮片状脱落，皮孔明显。叶广卵形或近圆形。聚伞花序，长4~8 cm，其苞片呈倒披针形或匙形，长4~5 cm，花黄白色。果球形或椭圆形，种子褐色。花期在7月，果期9月。

[**生态**]喜光,稍耐阴、喜肥沃土壤,深根性、萌芽性强。喜生于水分充足、排水良好、土层深厚之处,在海拔500~1 200 m的山坡上常与红松或其他阔叶树混生,抗烟尘,虫害少。

[**分布**]东北及山东、河北、山西等省区。朝鲜、俄罗斯远东地区也有分布。

[**栽培**]播种繁殖,亦可进行萌芽更新。6~7年生苗出圃。

[**用途**]树冠大而美,是良好的行道树及庭园绿化树种。

6.1.2.20 刺楸 *Kalopanax septemlobus*(Thunb.)Koidz.

[**形态**]乔木,高10~15 m。树皮生坚硬的棘刺,小枝散生坚利的刺。单叶互生,叶片近圆形而成掌状5~7浅裂。伞形花序聚成大圆锥花序于枝端顶生,径20~30 cm,黄白色或淡绿黄色。浆果状核果。成熟时黑紫色,花期在7~8月,果期9~10月。

[**生态**]喜光,深根性,耐寒,耐旱,适应性强,喜土层深厚肥沃土壤,而忌低温,生于杂木林中或林缘山坡,抗烟尘及病虫害能力较强。

[**分布**]辽东山地及华北、华东、华中、华南、西南等地区,朝鲜、日本也有分布。

[**栽培**]播种繁殖,种子沙藏,隔年播种,6~7年生大苗出圃。

[**用途**]适于墙隅、谷口与其他树木混交成林,或石旁、溪侧散植,或丛植数株,均能幽然入画。

6.1.2.21 梧桐 *Firmiana simplex*(L.)W. P. Wight.

[**形态**]乔木,高达15 m。树皮灰绿色,平滑。叶掌状3~5裂,长15~30 cm。圆锥花序顶生,黄绿色。蓇葖果,成熟前心皮开裂成叶状,种子球形。花期在6~7月,果期9~10月。

[**生态**]喜光,喜湿润肥沃之沙质壤土。耐寒性不强,怕水淹,深根性,萌芽力强。

[**分布**]原产我国和日本。我国华北以南,栽培甚广。大连有栽培。

[**栽培**]播种繁殖。

[**用途**]是优良的庭荫树及行道树种,可孤植、列植、丛植。

6.1.2.22 垂柳 *Salis babylinica* L.

[**形态**]乔木,高可达18 m。枝显著下垂,小枝尤甚。叶狭披针形或阔披针形,两面无毛或幼时有微毛。雌花具1腺体。花期在4月。

[**生态**]喜光,喜温暖湿润气候及潮湿深厚之酸性及中性土壤。较耐寒,特耐水湿,亦能生于土层深厚之干燥地区。萌芽力强,生长迅速,根系发达。

[**分布**]主产长江流域及其以南各省平原区,华北及东北有栽培。

[**栽培**]繁殖以扦插为主,亦可用种子繁殖。插穗应选自无病虫害的雄株。

移栽易成活,耐修剪。

[**用途**]宜作庭荫树、行道树,孤植或列植观赏,常构成美妙画意。植于河岸及湖边更为理想。

6.1.2.23　朝鲜柳 *Salix koreensis* Anderss.

[**形态**]乔木,高20m。树冠广圆形,树皮暗灰色,较厚,纵裂。叶较宽呈披针形或卵壮披针形。花药红色,花期在5月。

[**生态**]喜光,常生于河边或水边。在较湿润的山坡林缘也能生长。

[**分布**]东北及陕西、甘肃等省区。朝鲜、日本、俄罗斯也有。

[**栽培**]用播种或插条繁殖。新枝基部极易折断,修剪时应注意。

[**用途**]可孤植或丛植,作庭荫树,用材及蜜源树种。

6.1.2.24　旱柳 *Salix matsudana* Koidz.

[**形态**]乔木,高20 m,胸径80 cm。树冠广圆形,大枝斜展,小枝淡黄色或带绿色。叶披针形,被面带白色。雌花序具短梗及3～5小叶,花期在4月。

[**生态**]喜光,耐旱、耐寒,喜湿润,在沙壤土上生长迅速,在黏土或低湿地易烂根,并引起枯梢。

[**分布**]黄河流域为中心分布区,产自东北、华北、西北、南至淮河流域。朝鲜、日本、俄罗斯亦有。

[**栽培**]用播种或插条繁殖,易成活,定植后应适当整形修剪。

[**用途**]宜作为行道树,固堤、护岸树种,可孤植、列植或片植。

6.1.2.25　爆竹柳 *Salix fragilis* L.

[**形态**]乔木,高20 m,胸径1 m。树皮厚,暗黑色,纵裂。小枝粗,褐绿色,有光泽。叶披针形或宽披针形。雄花序长3～5 cm,花期在5月。

[**生态**]喜光,喜生湿地、河边、耐寒性强。在干旱地区也能生长,有一定耐盐碱能力。

[**分布**]原产欧洲、高加索、西伯利亚等地。哈尔滨、大连、鞍山、沈阳有栽培。

[**栽培**]扦插繁殖,生长较快。抗病虫能力不强。

[**用途**]宜列植作行道树或营造防风固沙林。

6.1.2.26　馒头柳 *Salix matsudana* cv. Umbraculifera,

[**形态**]乔木,分枝密,端梢齐整,形成半圆形树冠,状如馒头。

[**生态**]在固结、黏重土壤及重盐碱地上生长不良。不耐庇荫,喜水湿又耐干旱。

[**分布**]北京园林中常见栽植,沈阳有栽培。

[**栽培**]扦插繁殖为主。

[**用途**]可孤植、丛植以及列植,作街路树观赏。

6.1.2.27　筐柳(蒙古柳)*Salix linearistipularis*(Franch.)Hao

[**形态**]灌木,高2~4 m,稀小乔木。树皮黄灰色,小枝细长,叶线形或线状披针形,叶边缘有腺锯齿并内卷。花序与叶同时开放,花期在5月。

[**生态**]喜光,喜湿润,稍耐盐碱,常生于河流或溪流边,或草甸上。

[**分布**]产于东北、内蒙古。俄罗斯远东地区亦有分布。

[**栽培**]用种子或插条繁殖。移栽易成活,耐修剪。

[**用途**]可孤植或丛植,配植于低湿地带。枝条可供编物。

6.1.2.28　谷柳 *Salix taraikensis* Kimura

[**形态**]灌木或小乔木,高3~5 m。树皮暗绿色,小枝无毛。叶片椭圆状倒卵形或椭圆状卵形。花与叶同时开放或稍先于叶开放,花期在4月下旬。

[**生态**]生于林中,林缘或灌丛中及山路旁。

[**分布**]产于东北、内蒙古及山西、新疆等省区。朝鲜、俄罗斯也有分布。

[**栽培**]用种子或插条繁殖,天然下种自然生成多数丛生幼苗。

[**用途**]可孤植或丛植供观赏。蜜源及薪炭材树种。

6.1.2.29　龙爪柳 *Salix matsudana* f. pendula Schneid.

[**形态**]小乔木,树体一般较小,生长势较弱,枝条扭曲向上。

[**生态**]喜光,喜水湿,亦耐干旱,以肥沃、疏松、潮湿土壤最为适宜。

[**分布**]东北、华北、西北,南至淮河流域。北方平原地区均有栽培。

[**栽培**]扦插或分根繁殖。

[**用途**]宜孤植或丛植,为造园树种。

6.1.2.30　大黄柳 *Salix raddeana* Laksch.

[**形态**]灌木或小乔木,树冠广圆形,枝暗红色或红褐色。芽大、急尖、暗褐色,通常被毛。叶革质,卵状椭圆形,或卵状近圆形。叶面有皱纹,全缘或具不整齐的齿,花期在4月。

[**生态**]喜阳光及湿润土壤,常生于山之中腹以下疏开的山地阔叶林中或林缘。

[**分布**]产于东北南部,大、小兴安岭,长白山等地。俄罗斯远东亦有分布。

[**栽培**]用种子或插条繁殖。枝较脆,发枝能力不强。

[**用途**]早春花先叶开放,雄花花芽大而呈鲜黄色,开满枝头,甚是美丽。可孤植或丛植供观赏,亦是很好的切花材料。

6.1.2.31　腺柳 *Salix chaenomeloides* Kimura

[**形态**]小乔木,小枝红褐色或褐色,无毛。叶长椭圆形至长圆披针形,长4~10 cm,叶缘有具腺的内曲细尖齿,背面苍白色,托叶大,叶柄端有腺体,嫩叶

常发红紫色。

[**生态**]喜光，耐寒，喜水湿，多生于溪边沟旁。

[**分布**]产于辽宁南部、黄河中下游至长江中下游。朝鲜、日本也有分布。

[**栽培**]用播种或扦插繁殖。

[**用途**]作绿化或护岸树种，可孤植或丛植。

6.1.2.32　黑桦 *Betula dahurica* Pall.

[**形态**]乔木，高达 20 m，胸径达 50 cm。树冠圆阔，树皮黑褐色，龟裂。叶卵形或菱状卵形。小坚果卵形，花期 5 月，果熟期 6～7 月。

[**生态**]喜光，常与蒙古栎混生，生于山坡下部土层较厚的地方。

[**分布**]大、小兴安岭，生在原始林外围和次生林地带。在我国的辽宁、吉林、内蒙古多见。朝鲜、日本、蒙古、俄罗斯亦有分布。

[**栽培**]用种子或萌芽繁殖。成片栽植不宜过密。

[**用途**]本种可孤植或丛植，配植为庭荫树，亦是干旱山坡或山脊水土保持树种及用材树种。

6.1.2.33　白桦 *Betula platyphylla* Suk.

[**形态**]乔木，高达 25 m，胸径 50 cm。树冠卵圆形。树皮白色，纸状分层剥离。叶三角状卵形或菱状卵形。果序单生，下垂，圆柱形。花期 5～6 月，8～10 月果熟。

[**生态**]喜光，耐严寒，喜酸性土，耐瘠薄。在水分适中地带生长最好，在石质或沼泽化地段亦能生长。

[**分布**]大、小兴安岭，长白山。朝鲜、日本及俄罗斯有分布。

[**栽培**]播种繁殖，幼苗时应注意修枝，片植不宜过密。应注意叶部害虫及蛀干害虫的防治。

[**用途**]孤植、丛植，又可列植于道旁或成片栽植。树干修长，洁白可爱，引人注目，为北方特有造园树种。

6.1.2.34　风桦 *Betula costata* Trautv.

[**形态**]乔木，高达 30 m。树皮黄褐色或淡褐色，薄片剥裂。叶卵形或长卵形，小坚果倒卵形。花期于 5 月，果熟期 9 月。

[**生态**]本种为温带、寒带树种，较耐阴。喜土层深厚湿润，多生于背阴的山地斜坡上。

[**分布**]产于东北地区及河北省，生于海拔 600～2 400 m 地带。俄罗斯也有分布。

[**栽培**]播种繁殖。成片栽植不宜过密，幼时应注意修枝，以加速其向高生长。

［**用途**］造园树种，与其他树种混交成林，亦可孤植、丛植于池畔、湖溪或草坪边缘。

6.1.2.35　千斤榆（千斤鹅耳枥）*Carpinus cordata* Bl.

［**形态**］乔木，高达 15 m，胸径 70 cm。树皮灰色，纵裂。叶椭圆状卵形或卵形，叶基深心形，叶缘重锯齿具刺毛状尖头。花期在 4～5 月，果期 9 月。

［**生态**］稍耐阴，喜中性土壤，耐瘠薄，多生于较湿润、肥沃的阴山坡或山谷杂木林中。

［**分布**］东北、华北及陕西、甘肃等省区。朝鲜、日本也有分布。

［**栽培**］播种繁殖。应注意病害（扫帚病）的防治。

［**用途**］枝叶茂密，叶形秀丽，果穗奇特，用于庭园观赏树。可在草坪内孤植、道旁列植或与其他树木混植。

6.1.2.36　栓皮栎 *Quercus variabilis* Bl.

［**形态**］乔木，高达 25 m。木栓层发达，厚可达 10 cm。叶长圆状披针形或长圆形，长 8～15 cm。壳斗杯状，坚果近球形或椭圆形。花期在 4～5 月，果翌年 9～10 月成熟。

［**生态**］喜光，适应性强，抗旱、抗风、耐瘠薄。

［**分布**］分布较广，北自辽宁南部，南至广东，西自四川，东至福建、台湾均可见。

［**栽培**］播种繁殖。

［**用途**］可片植，组成纯林或混交林。

6.1.2.37　板栗（栗子）*Castanea mollissima Blume*

［**形态**］乔木，高达 20 m，胸径 1 m。树冠扁球形。树皮灰褐色。叶长椭圆形或椭圆状披针形，叶缘锯齿状，齿端芒状。雄花序直立，总苞球形，密被长针刺。花期在 5～6 月，果熟 9～10 月。

［**生态**］喜光，喜温凉气候，对土壤要求不严，喜肥沃湿润、排水良好富含有机质的壤土。深根性，较抗旱。

［**分布**］为我国特产树种，辽宁及辽宁以南各省（除新疆、青海外）有栽培，以华北和长江流域栽培较多。

［**栽培**］播种繁殖。如欲保持优良品种，可用嫁接繁殖。以结果为目的者，不宜密栽。

［**用途**］在草坪及坡地孤植或丛植，遮荫浓密，干果可供食用。

6.1.2.38　辽东栎（辽东柞）*Quercus liaotungensis* Koidz

［**形态**］乔木，高达 15 m。叶长倒卵形，长 5～14 cm，叶缘有波状疏齿，侧脉 5～7 对，壳斗鳞片扁平，不突起。花期在 5 月，10 月果熟。

［**生态**］喜光，耐干旱、耐瘠薄、耐寒，喜凉爽气候，多生于向阳山坡。深根性。

［**分布**］产于东北至黄河流域。朝鲜亦有分布。

［**栽培**］用种子或萌芽繁殖，对病害、风害、烟害抗性均强。

［**用途**］可孤植、丛植或列植。作庭荫树或行道树，亦是厂区绿化的理想树种。

6.1.2.39　蒙古栎（蒙古柞）*Quercus mongolica* Fisch.

［**形态**］乔木，高达30 m。叶倒卵形，长7～12 cm，叶缘具深波状缺刻，侧脉8～15对，壳斗鳞片呈瘤状。花期在5月，于10月果熟。

［**生态**］喜光，耐寒性强，喜凉爽气候，耐干旱，耐瘠薄，多生于向阳山坡，深根性。

［**分布**］东北、西北、华北、华中地区。朝鲜、日本、蒙古及俄罗斯也有分布。

［**栽培**］用种子或萌芽繁殖。对病虫害、火害、风害、烟害等抗性强。移植需带土坨。

［**用途**］可孤植、丛植或列植作庭荫树或行道树，又是厂区绿化树种。

6.1,2.40　麻栎（尖柞）*Quercus acutissima* Carr.

［**形态**］乔木，高达20 m，胸径1 m。叶长椭圆状披针形，叶缘具芒状锯齿，壳斗之鳞片锥形，反曲。花期4～5月，果期翌年9～10月。

［**生态**］喜光，不耐阴，耐干旱瘠薄，不耐水涝，喜湿润深厚肥沃土壤。深根性，有较强的抗风能力。

［**分布**］长江流域及黄河中下游，辽宁也有分布。朝鲜、日本亦有。

［**栽培**］播种繁殖，也可萌芽更新。初植时常用截干栽植，有利于迅速生长。

［**用途**］对于风害、火害及烟害，抗性较强，适于在厂区绿化栽可孤植或丛植，亦可栽成混交林。

6.1.2.41　小叶朴 *Celtis* 素 *bungeana* Bl.

［**形态**］乔木，高达15 m，胸径60 cm。树冠倒广卵形至扁球形。树皮灰褐色，平滑。叶斜卵形或卵状披针形，三主脉明显，两面无毛。核果近球形，熟时紫黑色。花期于6月，果期在10月。

［**生态**］喜光，稍耐阴，耐寒；喜深厚、湿润的中性黏质土壤。深根性，萌蘖力强，生长较慢。

［**分布**］产于东北区南部，华北，长江流域至西南、西北各地。朝鲜亦有分布。

［**栽培**］播种繁殖。对病虫害、烟尘污染等抗性强。

［**用途**］可孤植、丛植作庭荫树，亦可列植作行道树，又是厂区绿化树种。

6.1.2.42 大叶朴 *Celtis koraensis* Nakai

[形态]乔木,高可达 15 m。当年生枝红褐色。叶广椭圆形或广倒卵形,先端截形或圆形,数深裂,从中间伸出尾状的长尖裂片。核果球形,暗黄色,果熟于 10 月。

[生态]喜光,耐寒,喜生向阳山坡及岩石间杂林中。

[分布]产于东北、华北、西北区各省。朝鲜亦有分布。

[栽培]播种繁殖。10 月采种,经埋藏处理后翌年春播。对病虫害抗性较强。

[用途]珍贵的绿化观赏树种。可孤植或丛植作绿荫树,亦可列植作行道树。

6.1.2.43 刺榆 *Hemiptelea davidii* Flanch.

[形态]小乔木,高达 10 m。小枝通常有枝刺。叶椭圆形。花叶同放,杂性花。坚果扁,上半边有一鸡冠状翅。花期在 5 月,果期 9 ~ 10 月。

[生态]喜光、耐寒、耐旱、对土壤适应性强。深根性,多散生于山坡和路旁。

[分布]东北、华北、华东、华中和西北各区。朝鲜也有分布。

[栽培]用播种、根蘖及插条繁殖。耐修剪,萌蘖力强。

[用途]可孤植或从植作庭荫树,亦可作树墙或修剪成高篱。

6.1.2.44 美洲榆 *Ulmus americana* L.

[形态]乔木,高可达 40 m。叶卵形或卵状椭圆形,长 7 ~ 15 cm,叶基极偏斜,边缘具重锯齿。翅果椭圆形或宽椭圆形,果翅长 0.5 ~ 1.5 cm。花期在 4 月,果期 5 月。

[生态]喜光、较耐寒、对土壤适应性较强。

[分布]原产于北美。大连、沈阳等地有栽培。

[栽培]播种繁殖。注意及时采种,并随即播种。耐修剪,较易遭病虫危害。

[用途]可孤植、丛植、列植作庭荫树或行道树。

6.1.2.45 黑榆 *Ulmus davidiana* Planch.

[形态]乔木,高达 15 m,胸径 60 cm。树冠开展。树皮灰褐色,纵裂。2 年以上枝条有时具木栓翅。叶倒卵形,基部一边楔形,另一边圆形。翅果倒卵形。花期在 4 月,果期 5 月。

[生态]喜光、耐寒、耐干旱。深根性,萌蘖力强。多生于河谷阶地、河岸及山麓。

[分布]广布于东北、西北、华东和华中。朝鲜、日本、俄罗斯亦有分布。

[栽培]播种繁殖。注意及时采种,并随即播种。

[用途]做庭荫树,或列植做行道树。

6.1.2.46　春榆 *Ulmus japonica* Sarg.

[**形态**]乔木,高达40 m。树冠广卵形,叶倒卵状椭圆形或广倒卵形,叶面粗糙,叶背面被短柔毛。翅果倒卵形,花、果期在4～5月。

[**生态**]喜光,常见于山麓和向阳山坡、河岸等处,在排水良好的冲积沙质土生长良好。

[**分布**]东北、华北、华中、华东及西北等省区。内蒙古、朝鲜、日本、俄罗斯均有分布。

[**栽培**]播种繁殖,注意及时采种,并随即播之。

[**用途**]可孤植、丛植、列植作庭荫树或行道树。

6.1.2.47　欧洲白榆(大叶榆) *Ulmus laevis* Pall.

[**形态**]乔木,高达30 m,胸径2 m。树冠半球形,树皮灰褐色,不规则纵裂。叶倒卵状广椭圆形或椭圆形。翅果卵形或卵状椭圆形。花果期在4～5月。

[**生态**]喜光,喜生于深厚、湿润、疏松的河壤土或壤土。在严寒、高温或干旱条件下也能生长。深根性。

[**分布**]原产于欧洲。我国北方各省均有引种、栽植。

[**栽培**]播种繁殖,及时采种,翅果寿命极短,随采即播。

[**用途**]生长快,适应性强,是"四旁"绿化、防护林和盐碱地绿化树种。可孤植、丛植或做庭荫树,亦可列植作行道树。

6.1.2.48　裂叶榆 *Ulmus laciniata* Mayr.

[**形态**]乔木,高达25 m,胸径50 cm。叶倒卵形或卵状椭圆形,叶先端3～7裂,裂片三角形或成长尾状。翅果椭圆形或长圆状椭圆形。花果期在4～5月。

[**生态**]喜光,稍耐阴。多生于山坡中部以上排水良好湿润的斜坡或山谷。较耐干旱瘠薄。

[**分布**]产于东北、内蒙古及河北、山西等省区。朝鲜、日本、俄罗斯亦有分布。

[**栽培**]播种繁殖,及时采种,随采随播,以提高发芽率。

[**用途**]可孤植或丛植,作庭荫树,亦是用材树种。

6.1.2.49　垂枝榆(龙爪榆) *Ulmus pumila* cv. pendula.

[**形态**]乔木,高2～3 m。树冠伞形,圆,蓬松,树干通直。姿态潇洒,枝条明显下垂。叶卵形或椭圆状披针形,先端尖,基部稍斜。

[**生态**]喜光、耐寒、耐干旱,适应性强。

[**分布**]东北、华北、西北都有栽培。

[**栽培**]用嫁接法繁殖,以榆树做砧木。

[**用途**]庭园观赏树或行道树。可孤植、对植或列植。

6.1.2.50　白榆 *Ulmus pumila* L.

[**形态**]乔木,高可达25m,胸径1 m。树冠广卵圆形,树皮暗灰色。叶卵状长椭圆形,叶缘有不规则的单锯齿。翅果近圆形。花期在4月,果期在5月。

[**生态**]喜光、耐寒、抗旱,能适应于凉气候。喜肥沃、湿润而排水良好土壤,不耐水湿,能耐干旱瘠薄和盐碱。

[**分布**]产于我国东北部、华北、西北和西南也有分布。

[**栽培**]播种繁殖。随采即播,萌芽力强,根系发达,耐修剪,对烟尘及有毒气体抗性较强。

[**用途**]作为行道树、庭荫树,是“四旁”绿化、防护林和盐碱地绿化树种,亦可作绿篱。

6.1.2.51　杜仲 *Eucommia ulmoides* Oliv.

[**形态**]乔木,高可达20 m,胸径1 m。树冠圆球形。叶椭圆状卵形,翅果狭长椭圆形,扁平。枝、叶、果及树皮断裂后均有白色弹性丝相连。花先叶开放,花期在4月,果熟10~11月。

[**生态**]喜光,幼苗期不耐庇荫,喜温暖、湿润气候。喜肥沃、湿润、深厚而排水良好的砂壤土,有一定耐盐碱性。侧根发达。较耐寒。

[**分布**]原产于中国中部及西部,四川、贵州、湖北为集中产区,大连、沈阳有栽培。

[**栽培**]播种繁殖,根部萌芽力甚强。采伐后,可用萌芽更新。

[**用途**]可孤植做庭荫树,列植做行道树,亦可做造林树种和经济树种,树皮入药。

6.1.2.52　柘树 *Cudrania tricuspidata* Bur.

[**形态**]灌木或小乔木,高达10 m。小枝常有刺。叶卵形至倒卵形,长3~10 cm,先端尖、钝或开裂。雌雄异株。聚花果近球形,橙黄色至桔红色。花期在5~6月,果期9~10月。

[**生态**]喜光,耐干旱瘠薄,萌蘖力强。

[**分布**]我国华北、华东、中南、西南各地。大连有栽培。

[**栽培**]播种、扦插、分株繁殖。

[**用途**]丛植、片植,为固土的好材料。

6.1.2.53　光叶榉(榉树)*Zelkova serrata* Makino

[**形态**]乔木,高可达30 m。叶长圆状卵形或卵状披针形,长3~5 cm。花单性同株,坚果斜卵形或歪球形。花期在4月,果期5月。

[**生态**]喜光,喜温暖湿润气候及肥沃的土壤。

[**分布**]我国西北、华中、华东、华南、西南等地。朝鲜、日本也有分布,大连

有栽培。

[栽培]播种繁殖,幼苗生长较慢。

[用途]秋叶变红褐或黄色。可孤植、列植或片植。

6.1.2.54　桑(白桑)*Morus alba* L.

[形态]乔木,高达16 m,胸径1 m。树冠倒广卵形。叶卵形或卵圆形。雌雄异株,雄花序下垂,雌花序直立,聚花果长卵形至圆柱形。花期在5月,果期6~7月。

[生态]喜光、幼时稍耐阴、喜温暖、温润气候。耐旱也能耐寒、耐烟尘,但不耐涝。深根性、根系发达,在盐碱土亦能生长。

[分布]原产我国中部,现各地广泛栽培,以长江中下游栽培最多。

[栽培]播种育苗,栽培品种用嫁接繁殖。萌芽性强,耐修剪,可用萌芽更新。

[用途]适于城市、工矿区及农村"四旁"绿化。可孤植、丛植作为绿荫树,并作养蚕及药用。

6.1.2.55　龙爪桑 *Morus alba* cv. Tortuosa

[形态]小乔木,高2~3 m,树冠伞形,枝条弓字形扭曲,其他形态同桑树。

[生态]同桑树。

[分布]辽宁以南城市有栽培。

[栽培]以桑树做砧木芽接繁殖。绿化应用中需注意修剪整形。

[用途]宜孤植、丛植、对植或列植作为庭园观赏树。

6.1.2.56　鸡桑 *Morus australis* Poir.

[形态]乔木或灌木,高达8 m。叶卵圆形,长6~17 cm,叶缘具粗锯齿,有时有裂、表面粗糙、背面密被短柔毛。花柱明显,花期在5月,果期7月。

[生态]喜光,常生于向阳的山坡上。耐旱、耐寒、抗风、不耐涝。

[分布]产于华北、华中及西南,辽宁东部有分布。朝鲜、日本、印度半岛及印尼亦有分布。

[栽培]用种子、插条和分蘖繁殖,耐修剪。

[用途]可孤植或丛植作为庭荫树,其叶可饲蚕,果可生食。

6.1.2.57　蒙桑 *Morus mogolica* Schneid.

[形态]乔木,高达3~5 m,或呈灌木状。叶卵形或椭圆状卵形,常有不规则裂片,叶缘锯齿有刺芒状尖头,先端尾状尖、基部心形。花期在5月,果期6~7月。

[生态]喜光、耐寒、耐旱、抗风,多生于向阳山坡及平原、丘陵。

[分布]产于东北、内蒙古、华北至华中及西南各地。朝鲜亦有。

[**栽培**]用种子、插条或压条繁殖,耐修剪。

[**用途**]可孤植、丛植作绿荫树。根皮入药,茎皮可作造纸及纺织原料,叶养蚕。

6.1.2.58　玉兰(白玉兰)*Magnolia denudata* Desr。

[**形态**]乔木,高达15 m。树冠卵形或近球形。叶倒卵状长椭圆形。花大,花径12~15 cm,纯白色、芳香、花萼与花瓣相似,共9片。花期在4月,先叶开放,果9~10月成熟。

[**生态**]喜光、稍耐阴、较耐寒。喜肥沃、湿润而排水良好的土壤。较耐干旱、根肉质,畏水淹。

[**分布**]产于我国中部,现国内外庭园常见栽培。辽宁的大连、丹东、沈阳有栽培。

[**栽培**]播种育苗,也可压条或嫁接繁殖。移栽需带土球。

[**用途**]为驰名中外的庭园观赏树。于公园草坪与常绿树混植,或孤植于窗前,或列植于路旁。

6.1.2.59　日本厚朴 *Magnolia obovata* Thunb.

[**形态**]乔木,高达30 m。小枝紫色。叶倒卵形。花白色、芳香,花径14~20 cm,花被6~12片,倒卵形,外轮3片红褐色,内2轮乳黄色。花期在6~7月,果期9~10月。

[**生态**]喜光、喜温凉、湿润气候及排水良好的酸性土壤。

[**分布**]原产于日本北海道等地。我国的青岛、大连、丹东、熊岳、沈阳有栽培。

[**栽培**]播种繁殖、生长较快,4~5年生即可开花。苗木移栽要带土球。

[**用途**]干形端直,挺拔、花大而美丽、芳香,为名贵的观赏树种。可孤植、对植、丛植或成片栽植,也可列植作行道树。

6.1.2.60　一球悬铃木(美国梧桐)*Platanus occidentalis* L.

[**形态**]大乔木,高可达40余m。树冠圆形或卵圆形。叶3~5浅裂,中裂片宽大于长。球状果序常单生,稀2个串生。

[**生态**]阳性速生树种、抗污染能力强,能适应透气性差的土壤条件。以中性或微酸性的肥沃、深厚、湿润而排水良好的土壤最适宜。

[**分布**]原产于北美,现已被广泛引种至我国北部和中部。辽宁大连有栽培,沈阳在小气候条件下可栽植。

[**栽培**]播种繁殖。做行道树每年修剪,作庭荫树,注意病虫害防治。

[**用途**]庭荫树和行道树种,更适于工矿区及厂区绿化应用。

6.1.2.61　二球悬铃木(英国梧桐)*Platanus acerifolia* Willd.

[**形态**]乔木,高 20 余 m。树冠广阔,枝条开展、幼枝密生褐色绒毛,干皮呈片状剥落。叶片广卵形至三角状广卵形,叶裂较浅,球状果序常 2 球串生。

[**生态**]喜光,喜温暖气候,有一定抗寒力,对土壤适应能力极强。耐干旱、耐瘠薄、抗烟尘,耐修剪。

[**分布**]本种为杂交种,原产于欧洲,在英国育成。我国华中、华南及东北南部有栽培。

[**栽培**]播种或插条繁殖。做行道树用时,每年秋冬间多修剪成杯形或球形。注意防治病虫害。

[**用途**]用于行道树和庭荫树。可孤植、丛植或列植。

6.1.2.62　三球悬铃木(法国梧桐)*Platanus orientalis* L.

[**形态**]乔木,高达 30 m。树皮薄片状剥落。叶阔卵形,长 8 ~ 16 cm,花单性同株。果枝长 10 ~ 15 cm,有圆球形头状果序 3 ~ 5 个,果序直径 2 ~ 2.5 cm。花期在 5 月。果期 10 ~ 11 月。

[**生态**]喜光,幼苗不耐寒,适应各种土壤,抗烟尘能力较强。

[**分布**]原产于欧洲东南部及亚洲西部。我国大部地区有栽培,东北只在大连地区有栽培。

[**栽培**]播种、扦插繁殖。

[**用途**]可列植、丛植。

6.1.2.63　合欢 *Albizzia julibrissin* Durazz.

[**形态**]乔木,高 10 余米,树冠扩展,树皮灰黑色。小枝具细棱。二回偶数羽状复叶互生,羽片有 9 ~ 30 对小叶常于昼张夜合。头状花序呈伞房状排列,腋生,花粉红色。荚果扁平。花期在 6 ~ 7 月,果期 9 ~ 10 月。

[**生态**]喜光,喜温暖气候及沙质壤土,较耐干旱,不耐修剪,生长快。

[**分布**]在我国长江南北均有分布。日本、印度、东非也有分布。辽南有栽培。

[**栽培**]11 月采种,除去果皮、温水浸泡后,混沙贮藏翌春播种。沈阳地区幼苗须防寒越冬。怕水涝。

[**用途**]花、果、叶、树形等均为园林观赏佳品。在庭园或小型街道孤植、群植、列植均可,其树皮和花可入药。

6.1.2.64　花楸 *Sorbus pohuashanensis* Hedl.

[**形态**]乔木,高约 10 m。小枝粗壮,幼时有绒毛。复叶,小叶 11 ~ 15 枚,卵状披针形或椭圆状披针形,边缘具细锯齿,中部以下全缘。花白色,多花密集成复伞房花序,花期在 5 月。果实近球形,红色或橘红色,果熟 8 ~ 9 月。

[**生态**]喜光,较耐阴,耐寒,喜湿润肥沃土壤。

[**分布**]东北、华北、内蒙古等省区。

[**栽培**]播种繁殖。种子需层积处理。因萌芽早,移栽需早春进行,带土球移栽,以保成活。

[**用途**]花繁叶美,秋后果红叶黄,为优良的观赏乔木。宜在庭前、屋后、墙角、亭廊周围孤植或丛植,在公园内可片植。

6.1.2.65 水榆花楸(水榆)*Sorbus alnifolia* K. Koch.

[**形态**]乔木,高达 20 m。单叶,椭圆形或卵圆形,叶缘具不规则重锯齿。花白色,6~25 朵组成复伞房花序。梨果椭圆形或卵形,红色或橙黄色。花期在5 月。果期 9 月。

[**生态**]喜阴湿环境,较耐寒冷。喜微酸性和中性土。

[**分布**]我国东北、华北、华东、华中、西北地区均有。朝鲜、日本也有分布。

[**栽培**]播种繁殖。种子需层积处理。

[**用途**]冠大荫浓,春季花白如雪,秋叶变红或黄色,在庭院内宜孤植或丛植,在公园内可片植。在建筑物前或园路边也可列植。

6.1.2.66 银槭 *Acer sacharinum* L.

[**形态**]乔木,高 30 m。小枝紫色或紫褐色。叶掌状五深裂,长 3.5~7.5 cm,宽 4~8 cm,叶背银白色,叶柄长 4~9 cm。花单性,萼片绿色,无花瓣。翅果下垂。花期在 4~5 月,果期 9 月。

[**生态**]喜光、喜温湿及肥沃土壤,耐修剪,根系发达。

[**分布**]原产于北美东北部。辽宁沈阳以南有栽培。

[**栽培**]播种、扦插繁殖均可,4~5 年生苗出圃。

[**用途**]叶、果供观赏、宜丛植、群植。

6.1.2.67 青楷槭 *Acer tegmentosum* Maxim.

[**形态**]乔木,高 15 m。单叶对生,叶近圆形或阔卵形,长 10~12 cm,常 3~5 浅裂,两侧裂片较小,叶柄长 4~7 cm,达 13 cm,总状花序顶生。翅果黄褐色,花期在 5 月,果期 9 月。

[**生态**]喜光,但也能生长在庇荫地,喜生于低山疏林,常与椴树、桦木、水曲柳等混交成林。

[**分布**]我国辽宁东部山区,黑龙江、吉林、河北等省。朝鲜、俄罗斯也有分布。

[**栽培**]播种、分根均可繁殖,4~5 年生苗出圃。

[**用途**]叶、果供观赏,宜孤植、丛植或群植。

6.1.2.68 青榨槭 *Acer davidii* Franch.

[**形态**]乔木,高 7~15 m,枝干绿色平滑,有白色条纹。叶卵状椭圆形,长

6 ~ 14 cm，基部圆形或近心形，先端长尾状。果翅展开成钝角或近于平角。

[生态]耐半阴，喜生于湿润溪谷。

[分布]黄河流域至华东、中南及西南各地，沈阳有栽培。

[栽培]播种繁殖。

[用途]入秋叶色黄紫，宜丛植或成片栽植，作风景林。

6.1.2.69　白牛槭 *Acer mandshuricum* Maxim.

[形态]乔木，高 20 m。三出复叶对生，叶柄长 6 ~ 11 cm，小叶披针形或长圆状披针形，长 5 ~ 10 cm，宽 1.5 ~ 3 cm，伞房花序，具 3 ~ 5 朵花，黄绿色，翅果褐色，花期在 5 ~ 6 月，果期 8 ~ 9 月。

[生态]较耐阴，喜湿润凉爽气候和土层深厚的山地。生于海拔 500 ~ 1 000 m山地的混交林中。

[分布]辽东山区及黑龙江、吉林。

[栽培]播种繁殖，5 ~ 6 年生苗方能定植绿化。

[用途]叶、果供观赏，秋观红叶更好。宜丛植、群植。

6.1.2.70　茶条槭 *Acer ginnala* Maxim，

[形态]灌木或小乔木，最高 6 m，通常 2 m 左右。单叶对生，叶卵形或长圆状卵形，长 6 ~ 10 cm，宽 4 ~ 6 cm，三裂，中央裂片最大，伞房花序顶生，花黄白色，翅果深褐色。花期在 5 ~ 6 月，果期 8 月。

[生态]喜光，耐干旱，也耐水湿、能耐荫、萌生力强、耐修剪，生长快，适应性强，多生于海拔 500 m 以下的山坡、路旁，多呈灌木丛状。

[分布]我国东北、河北、山西、河南、甘肃和陕西等省区。日本、朝鲜、蒙古和俄罗斯也有分布。

[栽培]播种繁殖。二年生苗可作绿篱用，4 ~ 5 年生苗可修剪成整形树。

[用途]叶、果供观赏、宜孤植、列植、群植、或修剪成整型树，秋叶变红、也是绿篱树种。

6.1.2.71　复叶槭（糖槭）*Acer negundo* L.

[形态]乔木，高 20 m。奇数羽状复叶，小叶 3 ~ 7，长 5 ~ 10 cm，宽 3 ~ 6cm，花先叶开放，淡紫色，雄花聚伞花序，雌花总状花序，翅果长约 3 cm，淡黄褐色。花期在 4 ~ 5 月，果期 9 月。

[生态]喜光，喜肥沃土壤及湿润凉爽气候，耐烟尘力强，耐修剪，速生。

[分布]原产于北美。辽宁、吉林、黑龙江、内蒙古、河北及陕西、甘肃、新疆、湖北等省区主要城市都有栽培。日本等国也有引种。

[栽培]种子繁殖，二年生苗定植，五至六年生苗出圃绿化。

[用途]树冠广阔荫浓，绿化美化速生树种，宜作行道树和庭荫树。

6.1.2.72　色木槭(五角槭)*Acer mono* Maxim.

[**形态**]乔木,高20 m。单叶对生,掌状五裂,长3.5~9 cm,宽4~11 cm,叶柄长2~6 cm。花多数,伞房花序,花瓣5个,白色。翅果长约2.5 cm,淡黄褐色。花期5月,果期9月。

[**生态**]适应性强,耐严寒,喜湿润凉爽气候及土层深厚的山地、杂木林中。耐修剪。

[**分布**]东北、华北、和长江流域各省。朝鲜、俄罗斯、蒙古也有分布。

[**栽培**]播种繁殖,幼苗定植4~5年育大苗。

[**用途**]叶、果供观赏,宜孤植、丛植,又可修剪成树球。

6.1.2.73　拧筋槭 *Acer trifiorum* Kom.

[**形态**]小乔木,高10 m。三出复叶,对生,叶柄长0.7 cm。小叶长圆形,长5~9 cm,宽2~4 cm,叶背面黄绿色,沿脉有白色长毛,秋叶变红,伞房花序,具三花,黄绿色。翅果宽大。花期4~5月,果期9月。

[**生态**]喜光,喜湿润肥沃土壤,生于海拔400~1 000 m针阔叶混交林或阔叶林中,也见于林缘路边。

[**分布**]辽宁东部山区,黑龙江、吉林两省。朝鲜也有分布。

[**栽培**]播种繁殖,种子需冬藏或隔年播种,4年生苗定植育大苗,耐修剪。

[**用途**]树冠大,叶形美,秋叶呈红色,适宜做行道树及公园、庭园观赏树种。

6.1.2.74　元宝槭(五角枫)*Acer truncatum* Bge.

[**形态**]乔木,高8~10 m。单叶对生,叶柄长2~5 cm,叶掌状五裂,长6~8 cm,花黄绿色,顶生伞房花序。翅果长2.5 cm。花期5月,果期9月。

[**生态**]喜光,喜温凉气候及肥沃湿润排水良好的土壤,耐旱不耐瘠薄,抗烟害,深根性,萌蘖力强。

[**分布**]我国东北、华北、西北各省区。朝鲜、日本也有分布。

[**栽培**]播种繁殖,5年生苗可出圃绿化,可修剪造型。

[**用途**]树冠大,叶形美,适做行道树和公园、庭园观赏。可孤植、列植、丛植。

6.1.2.75　栾树 *Koelreuteria paniculata* Laxm.

[**形态**]乔木,高达10 m。1~2回大型奇数羽状复叶,长可达35 cm,小叶7~15枚,卵形或长卵形,长2.5~8 cm。顶生大型圆锥花序,长25~40 cm,花黄色。蒴果膨大成膀胱状。花期6月,果期9月。

[**生态**]喜光,喜温凉气候,深根性,萌芽力强,耐修剪,生于山坡杂木林中。在干旱瘠薄盐渍性土壤也能生长。有一定抗污染能力。

[**分布**]辽宁及华北、西北、华东、西南各省区。朝鲜、日本也有分布。

[**栽培**]种子繁殖,3 年生苗可定植,5 ~6 年生苗出圃绿化。

[**用途**]花序大型,黄色,具香气,是少有的夏季观花树种。花、果、叶供观赏,是公园、庭院造园树种。叶形美观,入秋变金黄色。宜孤植、丛植或列植,可做庭园树、行道树及厂区绿化树种。

6.1.2.76 文冠果 *Xanthoceras sorbifolia* Bge.

[**形态**]小乔木或灌木,高 8m。奇数羽状复叶、互生,小叶 9 ~19 枚。长圆形至披针形,长2.5 ~5 cm。总状花序,花杂性。蒴果球形,种子卵圆形。花期5月,果期 8 ~9 月。

[**生态**]喜光,适应性强,耐干旱,耐瘠薄。抗寒力强,根系发达,萌芽力强。喜生于背风向阳土层深厚的中性沙壤土。抗病虫害力强、忌低湿积水。

[**分布**]淮河、秦岭以北的广大地区,辽西有野生,沈阳、吉林、哈尔滨等地有栽培。

[**栽培**]播种繁殖,2 年生苗换床,4 年生苗定植,6 年生苗出圃绿化。

[**用途**]花繁美观,果硕大奇特。宜孤植、列植、丛植。又是良好的木本油料树种。

6.1.2.77 紫花文冠果 *Xanthoceras sorbifolia* cv. Purpurea

[**形态**]小乔木或灌木,高 5 ~7 m。奇数羽状复叶,小叶 9 ~19 枚,长 2.5 ~5 cm。总状花序,花淡紫色。蒴果卵球形,径 4 ~6 cm,种子卵圆形,径约 1 cm,黑色。花期 5 月,果期 8 ~9 月。

[**生态**]喜肥沃湿润土壤,喜光,深根性。忌积水。

[**分布**]辽西地区,沈阳有栽培。

[**栽培**]嫁接繁殖,用文冠果做砧木,紫花文冠果做接穗进行芽接。

[**用途**]花色奇特供观赏,是珍稀的庭院绿化优良树种。可孤植、对植、丛植。

6.1.2.78 漆树 *Rhus vernicifue* Stokes

[**形态**]乔木,高达 20 m。奇数羽状复叶,小叶 9 ~15,卵状长圆形,长 7 ~15 cm,宽 3 ~7 cm。圆锥花序腋生,花黄绿色或淡黄色。核果扁圆形或肾形,黄色。花期 5 ~6 月,果期 8 ~10 月。

[**生态**]喜光,喜温湿气候及深厚肥沃土壤,在沙石山坡地也能生长,不耐严寒。

[**分布**]分布甚广,除黑龙江、内蒙古、吉林、新疆外,其余各省区均产。

[**栽培**]播种、分根均能繁殖。

[**用途**]叶供观赏,孤植、丛植、群植均可,是造园及防护林的好树种。树液可提取生漆。

6.1.2.79 火炬树 *Rhus typhina* L.

[**形态**]灌木或小乔木,树高3~5或8 m。奇数羽状复叶,小叶9~17枚,披针状长圆形,长5~12 cm,圆锥花序顶生,长10~20 cm,花小,淡绿色。核果深红色。花期在7~8月,果期9~10月。

[**生态**]喜光,速生,萌发力极强,耐盐碱先锋树种。秋叶鲜红,生于山坡、林缘灌丛中。

[**分布**]原产于北美。

[**栽培**]播种、分根繁殖,2~3年生苗出圃绿化。

[**用途**]叶、果供观赏。宜丛植、群植,是点缀风景造园的优良彩叶树种。

6.1.2.80 臭椿 *Ailanthus altissima* Swingle

[**形态**]乔木,高20 m。奇数羽状复叶,互生,小叶13~25,近对生或对生。圆锥花序顶生,花小多数,白色带绿。翅果长圆状椭圆形或纺锤形,质薄。花期在6~7月,果期9~10月。

[**生态**]喜光,喜生于山间路旁或村边,速生,适应性强,抗病虫害,耐旱,耐碱,抗烟尘。

[**分布**]辽宁省沈阳以南及华北、华中、华东、华南、西北等地均有。朝鲜、日本也有分布。

[**栽培**]播种繁殖,用分根、分蘖法亦可育苗,移植成株成活率低,多从根萌生新株。

[**用途**]叶、果供观赏,孤植、群植、丛植均可。宜作有污染工厂和医院的庭园绿化树种。根皮入药。

6.1.2.81 香椿 *Toona sinensis* Roem.

[**形态**]乔木,高25 m。偶数羽复叶(少有奇数),有特殊气味,小叶5~10对,对生或互生,长椭圆状披针形。圆锥花序顶生,多花白色。蒴果木质,椭圆状或近卵状。花期在6月中旬,果期10月。

[**生态**]喜光,喜温暖湿润气候,不耐严寒。深根性,根蘖力强,对土壤要求不严,喜生于深厚肥沃的砂质壤土。

[**分布**]原产于我国中部和南部。华北地区多有栽培,辽宁沈阳及沈阳以南地区有栽培。朝鲜、日本也有栽培。

[**栽培**]播种、分根繁殖。

[**用途**]叶、果供观赏,宜孤植、丛植、作庭园树及行道树。根皮入药,春芽可作美食。

6.1.2.82 黄檗(黄菠萝)*Phellodendron amurense* Rupr.

[**形态**]乔木,高10~15 m,木栓层发达。叶对生有时互生,奇数羽状复叶,

小叶 5 ~ 13。聚伞状圆锥花序,花瓣黄绿色。浆果黑色,有特殊气味。花期 5 ~ 6 月,果期 9 ~ 10 月。

[**生态**]喜光,稍耐阴。喜生于湿润、深厚、排水良好的土壤,深根性,抗风。皮厚,耐火。萌发力强。

[**分布**]东北、长白山区、小兴安岭南坡、辽宁及华北均有。朝鲜、日本、俄罗斯也有分布。

[**栽培**]天然下种更新,播种繁殖,五年生定植苗出圃绿化。

[**用途**]叶、花、果、树姿供观赏、抗病虫害,孤植、列植、丛植均可、是造园及边界林树种,木材质优,树皮入药。

6.1.2.83 龙爪槐 *Sophora japonica var. pendula* Loud.

[**形态**]乔木,高 2 ~ 4 m,树冠伞形,枝扭转弯曲,小枝下垂。奇数羽状复叶,小叶 7 ~ 15 个,卵圆形。圆锥花序顶生,花冠蝶形,黄白色。花期在 8 ~ 9 月。

[**生态**]喜光,根系发达,喜湿润肥沃、深厚壤土。

[**分布**]产于我国华北、西北。抚顺、铁岭、沈阳及其以南地区有引种栽植。

[**栽培**]用国槐作砧木,嫁接繁殖,砧木高 2 ~ 2.5 m,胸径 4 ~ 5 cm,定干后嫁接,二年成苗。

[**用途**]叶、花供观赏,其姿态优美,是优良的造园树种。宜孤植、对植、列植。

6.1.2.84 灯台树 *Comus controversa* Hemsl.

[**形态**]乔木,高 4 ~ 10 m。树枝层层平展,形如灯台,枝暗紫红色。叶互生,簇生于枝梢,叶广卵形或广椭圆形。伞房状聚伞花序生于新枝顶端,长 9 cm,花小,白色。核果近球形,初为紫红色,后为紫黑色。花期在 5 ~ 6 月,果期 9 ~ 10 月。

[**生态**]喜光,喜湿润气候和肥沃土壤,生于杂木林内、林缘或溪流旁。

[**分布**]我国华北、华中、华东、华南、西南及辽宁等省区,沈阳、鞍山有栽培。朝鲜、日本也有分布。

[**栽培**]播种繁殖。种子需冬藏。2 年苗换床,4 年苗定植,6 ~ 7 年苗出圃。

[**用途**]叶、花、果、树姿供观赏,树形美观,宜孤植、列植或丛植。

6.1.2.85 柿树 *Diospyros kaki* L.

E 形态]乔木,高达 15m。叶互生,革质,长圆状倒卵形至椭圆状卵圆形,长 6 ~ 18 cm。花淡黄白色,果实卵圆形或扁圆球形,径 3.5 ~ 8 cm,成熟时橙黄色或红色。花期 5 ~ 6 月,果期 9 ~ 10 月。

[**生态**]喜光,喜温和气候,对土壤要求不严,但以土层深厚疏松的土壤为

佳,不耐水湿和盐碱,深根性。

[分布]原产于我国长江及黄河流域,现各地广为栽培,大连地区有栽培。

[栽培]嫁接繁殖,砧木常用君迁子,寿命长。

[用途]秋季果艳叶红,是观叶、观果的景观树种。可孤植、丛植或片植。

6.1.2.86　花曲柳 *Fraxinus rhynchophylla* Hance

[形态]乔木,高达15 m,树冠卵形。奇数羽状复叶对生,小叶3~7,通常5,小叶片阔卵形或长卵形,顶端小叶宽大。花杂性或单性异株,萼钟状,无花冠。翅果倒披针形。花期5月,果期9月。

[生态]喜光,耐寒,喜湿润含腐殖质的土壤,对气候要求不严。

[分布]产于东北及黄河、长江流域以及福建、广东等省。朝鲜、俄罗斯、越南也有分布。

[栽培]播种繁殖,种子需播前处理,育苗时不宜过密。

[用途]树干笔直,可栽植做行道树或庭荫树,也可片植成风景林。

6.1.2.87　水曲柳 *Fraxinus manbshurica* Rupr.

[形态]乔木,高达30 m,胸径达1 m。树冠卵形。奇数羽状复叶对生,叶轴有狭翼,小叶7~11(或13),小叶片卵状披针形至披针形。花雌雄异株,先叶开放,花萼钟状无花冠。翅果长圆状披针形、扭曲。花期5月,果期9~10月。

[生态]喜光,耐半阴,深根性,喜湿润肥沃的土壤,耐寒。

[分布]产于东北及华北地区。朝鲜、日本、俄罗斯均有分布。

[栽培]播种繁殖,种子采收后应进行砂藏处理,翌年春待种子有1/4裂咀时播种。

[用途]宜作行道树和风景林,可孤植或列植;又是珍贵的用材树种。

6.1.2.88　黄金树 *Catalpa speciosa* Warder.

[形态]乔木,高达30 m,树冠卵圆形。叶多三叶轮生,罕对生,叶片宽卵形或卵状圆形,全缘,侧脉腋被绿色腺斑。圆锥花序顶生,花冠白色。下唇筒部里面有二黄色条纹及紫色斑点。蒴果短粗。花期5~6月,果期9~10月。

[生态]喜光,喜湿润凉爽气候及深厚肥沃、疏松土壤、忌栽于积水地。

[分布]原产于美国中部和东部,现在我国广为引种。

[栽培]播种繁殖。宜在早春发芽前移栽,应适时整形修剪。

[用途]树姿优美、花大色艳、可作庭荫树和行道树。

6.1.2.89　梓树 *Catalpa ovata* G. Don

[形态]乔木,高达8 m,树冠开展。单叶对生,有时3叶轮生,叶广卵形或近圆形,有波状齿或3~5浅裂,叶背脉腋间有紫黑色腺点。顶生圆锥花序,花冠浅黄色,筒部内有橘黄色纹及紫色斑点。蒴果长圆柱形。花期5~6月,果期

9～10月。

[**生态**]喜光,颇耐寒,深根性,喜温凉气候及湿润深厚土壤。

[**分布**]产于我国东北南部及华北、西北、华中、西南。日本也有分布。

[**栽培**]播种繁殖。移栽以早春发芽前为宜,大树移植应带土球,要适时修剪。

[**用途**]树姿优美,叶片荫浓,宜作行道树、庭荫树、可孤植、列植或丛植。

6.1.2.90　毛泡洞 *Paulownia tomentosa* Steud.

[**形态**]乔木,高达15 m,径1 m。叶对生,叶片阔卵形或卵圆形,全缘或3～5浅裂,圆锥花序,长20～40 cm,花冠漏斗状钟形,外面淡紫色,里面有斑点,二唇形。蒴果长圆形。花期5月,果期9～10月。

[**生态**]喜光,喜温暖气候,喜深厚湿润及肥沃土壤,也较耐旱,忌积水。

[**分布**]河南及陕西,辽宁熊岳、大连等地有栽培。

[**栽培**]可用埋根、播种、埋干等方式繁殖。

[**用途**]树干端直,冠大荫浓,花大而美,可作行道树、庭荫树。

6.1.2.91　楸叶泡桐 *Paulownia catalpifolia* GongTong

[**形态**]乔木,高达10 m。树冠圆锥形。枝叶较密,叶片通常为长卵状心脏形,长约为宽的2倍。花序呈金字塔形或狭圆锥形、花冠浅紫色,长达8 cm。蒴果椭圆形。花期5月,果期8月。

[**生态**]喜光,耐干旱气候和瘠薄土壤。

[**分布**]山东、河北、山西、河南、陕西等省。大连有栽培。

[**栽培**]播种繁殖。亦可埋根或根蘖繁殖。幼苗生长迅速,第一年可将地上部分平茬以养根。

[**用途**]可作绿荫树。木材可作乐器,根、果可入药。

6.1.2.92　洋槐(刺槐)*Robinia pseudoacacia* L.

[**形态**]乔木,高达25 m。奇数羽状复叶,小叶7～19个,卵形或长圆形。总状花序腋生,长9～13 cm,花白色有香气。荚果扁平。花期5～6月。果期9～10月。

[**生态**]喜光,喜温湿环境,浅根性,侧根发达,干燥地及海岸均能生长,适应性强、生长迅速,根蘖苗旺盛,替代性强。

[**分布**]原产于美国东部,欧洲、非洲及日本都有栽培。我国20世纪初,由欧洲引入我国青岛,在华北生长良好,辽宁铁岭以南有栽培。

[**栽培**]播种、插条、分根均能繁殖,每公顷产苗15～22.5万株。生长较快。

[**用途**]叶、花供观赏,可作行道树、庭荫树、境界树以及用于荒山造林、水土保持林、防风固沙林等。

6.1.2.93　七叶树 *Aesculus chinensis* Bge

[形态]乔木,高 10 m。掌状复叶,叶柄长 6 ~ 12 cm,小叶 5 ~ 7 个,长圆状倒披针形或倒卵状长圆形,长 8 ~ 16 cm,宽 3 ~ 5 cm。圆锥花序长 21 ~ 25 cm,花杂性,花瓣 4,白色。果实近球形,径 3 ~ 4 cm,黄褐色。花期 5 ~ 6 月,果期 8 ~9月。

[生态]喜光,喜湿润、肥沃、疏松土壤,深根性,寿命长。

[分布]产于华北、华东、西北等地。辽南有栽培。

[栽培]播种繁殖。沈阳有引种栽培,苗期需防寒。

[用途]叶、花、果供观赏,孤植、列植、群植均可,是庭园、公园造园好树种,种子入药。

6.1.2.94　美国花曲柳 *Fraxinus americana* L.

[形态]乔木,高达 20 余 m,树冠阔卵形。奇数羽状复叶、小叶 7(或 5 ~9)枚,叶片卵形或卵状披针形。花单性异株,圆锥花序生于当年的侧枝上。翅果狭倒披针形,黄褐色。花期 4 ~5 月,果期 9 ~ 10 月。

[生态]喜光,宜深厚、肥沃湿润的土壤,耐低温(-36 ℃ ~ -47 ℃;),不耐大气干燥。

[分布]原产北美,我国引种栽培面较广,主要在北纬 35° ~48°之间。

[栽培]种子繁殖。播前种子进行催芽处理,发芽率 80% ~85%,多采用条播。育苗时不宜过密,应注意防治蛀干害虫。

[用途]冠大浓荫,宜做行道树或庭荫树。可列植或孤植。

6.1.2.95　杜梨 *Pyrus betulaefolia* Bge

[形态]乔木,高达 10 m。小枝幼时密被灰白色毛。叶片菱状卵形或椭圆状卵形,边缘具锐锯齿。花白色,10 ~ 15 朵组成伞房花序。花期 4 ~5 月,果实小,近球形,褐色,果期 10 ~11 月。

[生态]喜光,耐寒,耐干旱,适应性强。

[分布]我国辽宁、河北、河南、山西、陕西、湖北、江苏等省均有。

[栽培]播种繁殖。

[用途]花繁色白,在林缘、坡地、宅旁宜弧植或丛植,在公园内亦可片植。为优良品种梨的砧木。

6.1.2.96　秋子梨(山梨)*Pyrus ussuriensis* Maxim.

[形态]乔木,高达 15 m。叶片卵形至广卵形,边缘具刺芒状细锯齿。花白色,5 ~7 朵组成伞房花序。花期 4 ~5 月。果近球形,黄色,绿色带红晕,果期 10 ~ 11 月。

[生态]喜光、耐旱,耐寒。

[**分布**]我国东北、华北、西北地区。朝鲜、俄罗斯远东地区也有分布。

[**栽培**]播种繁殖。种子需层积沙藏。

[**用途**]花白如雪,在林缘、坡地、庭院内可孤植或丛植,在公园内也可片植。本种为良种梨的良好砧木。

6.1.2.97　苹果 *Malus pumila* Mill

[**形态**]乔木,高达 15 m。小枝粗壮,幼时密被绒毛。叶椭圆形至卵形、边缘具圆钝锯齿,幼时两面有毛。花白色,带红晕,花期 4~5 月。果为略扁之球形,径 5 cm 以上,黄色或红绿相间、果期 8~10 月。

[**生态**]喜光,较喜冷凉、干燥气候。喜生于肥沃深厚排水良好的土壤。

[**分布**]原产欧洲南部、小亚细亚及南高加索地区。我国辽宁、山东、河北等省栽培最多。

[**栽培**]嫁接繁殖多以山荆子为砧木。

[**用途**]为优良观果树种,宜植庭院、公园、坡地、路边等处。果主要鲜食,也可加工成罐头等。

6.1.2.98　李 *Prunus salicina* Lindl.

[**形态**]乔木,高 10 m。小枝红褐色。叶倒卵形或椭圆状倒卵形,边缘具重锯齿,花白色,2~3 朵簇生。花期 4 月。果卵球形,绿色、黄色或紫红色。果期 7~9 月。

[**生态**]喜光,耐半阴,较耐寒,不耐干旱。喜肥沃湿润土壤。

[**分布**]东北、华北、华中、华东地区均有分布。

[**栽培**]嫁接繁殖。砧木为山桃、山杏等。

[**用途**]初春白花如雪,入夏果实累累,颇具观赏价值,可在庭前、路边孤植或丛植。果可鲜食或酿酒。

6.1.2.99　山樱桃(辽东山樱)*Prunus verecunba* Koehne

[**形态**]乔木,高达 15 m。树皮灰褐色,有环状条纹。叶倒卵形,倒卵状椭圆形,基部圆形或扩楔形,先端尾状渐尖,边缘具细锯齿,齿端有小腺体或具刺芒。花白色或淡粉色,1~5 朵组成短总状花序。核果卵球形,红紫色。花期 4~5月,果期 7~8 月。

[**生态**]喜光,喜湿润肥沃土壤,较抗寒和耐旱。

[**分布**]我国见于辽宁、吉林省。日本、朝鲜、俄罗斯也有分布。

[**栽培**]播种、扦插繁殖。种子需沙藏处理。

[**用途**]宜植于山坡、林缘、庭前、路边、可孤植、丛植、也可列植。

6.1.2.100　桃 *Prunus persica* Batsch.

[**形态**]乔木,高达 8 m。小枝细长,红褐色。叶椭圆状披针形或卵状披针

形，边缘具细锯齿。花粉红色，单生，花期 4 ~ 5 月。核果近球形，果肉多汁，表面密被短柔毛，果期 8 月。

[**生态**]喜光，较耐旱，喜肥沃排水良好土壤。

[**分布**]产于华北、华中、西南地区，现全国许多省区广泛栽培。

[**栽培**]嫁接繁殖，多以山桃为砧木。辽南有栽培。

[**用途**]桃花艳丽妩媚，宜于山坡、石旁、墙边、庭院、草坪边栽植。若与垂柳配植于河畔，可构成桃红柳绿、柳暗花明之胜景。

6.1.2.101　山桃（京桃）*Prunus bavidiana* Franch.

[**形态**]乔木，高达 10 m。树皮暗紫红色，有光泽。叶狭卵状披针形，基部广楔形。花单生，粉红色，花期 4 月。核果球形，径 2 ~ 3 cm，果肉薄而干涩，果期 7 月。

[**生态**]喜光，较抗寒，耐干旱，适应性较强。

[**分布**]产于辽宁、河北、山西、陕西、甘肃、四川等省。

[**栽培**]播种繁殖。种子需层积沙藏，春播，以垅作点播为宜。

[**用途**]早春，花繁色艳，冬季，干皮光亮呈紫红色，观赏价值颇高。可于路边列植，庭园中孤植或丛植。

6.1.2.102　杏 *Prunus armeniaca* L.

[**形态**]乔木，高达 10 m。树皮暗褐色。叶近圆形或广卵形，基部圆形或近心形，先端短渐尖，边缘具钝锯齿。花白色或淡粉红色，单生，花期 4 月。核果近圆形，浅黄色或橙黄色，常带红晕，被短毛，果期 7 月。

[**生态**]喜光，耐旱，耐寒，适应性强。喜生土层深厚、排水良好的土壤中。

[**分布**]产于我国东北、华北、西北、西南及长江中、下游各省。

[**栽培**]嫁接繁殖，砧木用山杏。

[**用途**]花繁色艳，可植庭园、宅旁、路旁、亭廊两侧，孤植、丛植或列植。果可鲜食或制杏脯、果酱、果干等。

6.1.2.103　山杏 *Prunus. armeniaca var. ansu* Yu et Lu

[**形态**]叶较小，长 4 ~ 5 cm，花 2 朵稀 3 朵簇生。果较小，径约 2 cm，密被绒毛，果肉薄，果核网纹明显。

[**生态**]喜光，耐寒性强，耐干旱瘠薄，根系发达。

[**分布**]产于华北、内蒙古及西北地区。东北地区有栽植。

[**栽培**]播种繁殖。

[**用途**]可孤植或丛植造园。

6.1.2.104　东北杏 *Prunus mandshurica* Koehne

[**形态**]乔木，高达 15 m。树皮木栓较发达，暗灰色，深裂。叶片宽椭圆形

至卵圆形,先端渐尖,边缘具锐重锯齿。花呈粉红色,单生,花径2.5 cm,果近球形。花期4月下旬,果期7月。

[**生态**]喜光,抗寒,耐干旱,耐土壤瘠薄,怕涝,喜生排水良好的沙壤中。

[**分布**]我国辽宁、吉林、黑龙江、内蒙古等省区均有。朝鲜、俄罗斯有分布。

[**栽培**]播种繁殖。种子需层积沙藏,播前进行变温处理,以提高发芽率。

[**用途**]花繁色艳,观赏效果颇佳。宜孤植或丛植于庭前、墙隅、路边、林缘、坡地等处。果可加工成罐头、果酱等。

6.1.2.105　花红 *Malus asiatica* Nakai

[**形态**]小乔木,高4~6 m。叶椭圆形至卵形,叶背面密被短柔毛。花粉红色,径3~4 cm。果卵形或近球形,径4~5 cm,黄色或带红色。

[**生态**]喜光,耐寒,耐干旱,喜土壤排水良好。

[**分布**]原产于东亚,我国北部及西南部有分布。

[**栽培**]栽植管理较粗放,嫁接繁殖为主(山荆子作砧木)。

[**用途**]长期作果树栽培,园林中可做造园树种,宜孤植或丛植,供观花、观果。

6.1.2.106　山荆子(山定子)*Malus baccata*(L)Borkh.

[**形态**]乔木,高10余m。枝条较细弱,叶卵状椭圆形,叶缘具细锯齿。花白色,4~7朵构成伞房花序,花梗细长。花期4~5月。果近球形,红色,果期9~10月,果实经久不凋。

[**生态**]喜光,较耐阴,耐寒,耐旱力强。

[**分布**]产于华北、西北和东北。

[**栽培**]播种繁殖。种子在1~5 ℃藏30~50天即完成后熟,出苗率80%以上。

[**用途**]春天白花满树,秋季红果累累,经久不凋,甚为美观,为优良的观花、观果树种,可孤植、丛植或列植。果实可酿酒。其幼苗可作苹果砧木。

6.1.2.107　山里红(红果)*Crataegus pinnatifida* var. *major* N. E. Br.

[**形态**]乔木,叶分裂较浅,果较大,果直径2.5 cm,深亮红色。

[**生态**]喜光,稍耐阴,耐寒,耐干燥及贫瘠土壤。根系发达,萌蘖性强。

[**分布**]在东北中部及南部,华北以南至江苏一带普遍作果树栽培及造园观赏。

[**栽培**]树性强健,结果多,产量稳定、山区、平地均可栽植,嫁接繁殖。

[**用途**]可孤植或丛植供造园用。花繁叶茂,是观花、观果之良好的绿化树种。果实鲜红可爱,除供观赏、可食外,亦可入药。

6.2 灌　木

灌木种类繁多,形态各异,在园林景观植物中占有较大的比重,在造园中占有重要地位。根据其在园林中的造景功能,可分为观花类、观果类、观叶类、观枝类等。灌木不同的观赏部位,丰富了园林景观,使其景色更具有层次感和色彩美。

6.2.1 红王子(红花锦带) *Weigela florida* cv. Red

[**形态**]灌木,高1~1.5 m。叶椭圆形,长5~9 cm,花冠紫红色,非常艳丽,漏斗形,端5裂。花数朵组成腋生聚伞花序。花期6~10月。

[**生态**]喜光、耐寒、耐干旱、怕水涝。

[**分布**]原产于北美。20世纪80年代引入我国上海。

[**栽培**]扦插繁殖,极易成活。

[**用途**]良好的观花灌木,可孤植或丛植。

6.2.2 花叶锦带 *Wegela florida* cv. Variegata

[**形态**]灌木,高1~2 m。叶浓绿色,边缘黄绿色,椭圆至卵圆形、花粉白色,花径2.2 cm左右,花期可达90天。

[**生态**]喜光,喜含腐殖质多、排水良好的沙壤土,耐寒、耐旱,较耐蔽荫,怕积水,耐修剪。

[**分布**]原产于北美。20世纪90年代引人我国,现北京、沈阳等地有栽培。

[**栽培**]扦插繁殖,成活率很高。

[**用途**]由于花期长,叶色美,可孤植、丛植。

6.2.3 锦带花(四季锦带) *Weigela florida* A. DC.

[**形态**]灌木,高达1~3 m。叶片椭圆形、倒卵形、卵状长圆形。花单生或成聚伞花序生于侧生短枝的叶腋或枝顶,花冠玫瑰红色,内面苍白色,漏斗状钟形,朔果柱状。花期5~6月,果期9~10月。

[**生态**]喜光、耐寒、对土壤要求不严,耐瘠薄土壤;但以深厚湿润且腐殖质丰富的壤土生长最好,忌水涝。

[**分布**]我国吉林、辽宁、河北、山东、江苏、山西等省。朝鲜、日本也有分布。

[**栽培**]可用扦插、分根、播种进行繁殖。容易栽培,耐修剪,每隔2~3年进行一次更新修剪,促进新枝生长。

[**用途**]花茂密,花色艳丽,花期长,可丛植于草坪、路旁及庭园。

6.2.4 日本锦带花 *Weigela japonica* Thunb.

[**形态**]灌木,高达3 m。叶对生,叶片长椭圆形、倒卵状椭圆形,边缘具细

锯齿,具3朵花的聚伞花序生于侧生短枝的叶腋,花冠漏斗形,淡红色。蒴果柱状。花期5~6月,果期9~10月。

[**生态**]喜光、耐寒、耐瘠薄土壤,但以深厚肥沃壤土生长良好。

[**分布**]原产于日本。我国沈阳、北京、大连有栽培。

[**栽培**]用种子或扦插繁殖。容易栽培,耐修剪。

[**用途**]植株健壮,花朵大而密,色艳美丽。可孤植或丛植于草地、庭院、又可与行道树配植。

6.2.5 **早花锦带** *Weigela praecox* Bailey

[**形态**]灌木,高1~2 m。叶片倒卵形、椭圆形或椭圆状卵形,边缘有锯齿。聚伞花序3~5朵生于侧枝叶腋、下垂、花冠漏斗状钟形,中部以下变狭,呈粉紫色、或粉红色、花喉部呈黄色。蒴果无毛,花期5月,果期8~9月。

[**生态**]喜光、稍耐阴,耐寒、耐瘠薄,不择土壤。

[**分布**]我国辽宁、吉林、河北等省。朝鲜、俄罗斯、日本也有分布。

[**栽培**]通常用种子繁殖,因种粒小可采用盆播或床播,容易栽培。

[**用途**]花期早且花密,宜孤植或丛植于庭园,又可植于街道,与行道树配植。

6.2.6 **香荚蒾** *Viburnum fragrans* Bge.

[**形态**]灌木,高达3m。叶片椭圆形或菱状倒卵形,边缘有锯齿,侧脉明显5~7对。圆锥花序生于短枝之顶,长3~5 cm,多数花、芳香、花蕾时粉红色,开后变白色。核果矩圆形,鲜红色。花期5月,果期9~10月。

[**生态**]较耐寒,也耐半阴,喜湿润温暖气候及深厚肥沃之壤土。

[**分布**]原产于我国北部,甘肃、河南、河北、青海等省有分布、北方多数城市均有栽培。

[**栽培**]用种子、扦插和压条繁殖。容易栽培,耐修剪 o

[**用途**]花于早春开放、白花素雅,具芳香,可孤植或丛植于庭园。

6.2.7 **蒙古荚蒾** *Viburnum mongolicum* Rehd.

[**形态**]灌木,高达2 m。叶片宽卵形至椭圆形,边缘有波状浅齿,侧脉4~5对。聚伞花序具少数花,花冠淡黄白色,筒状钟形。果实红色而后变黑色、椭圆形。花期5月,果期9月。

[**生态**]喜光、耐半阴、耐寒,对土壤要求不严,生于山坡疏林下或河滩地。

[**分布**]产于我国内蒙古中南部、河北、山西、陕西、宁夏南部等省区。俄罗斯、蒙古有分布。

[**栽培**]用种子繁殖,容易栽培。

[**用途**]花、果可观,可孤植或丛植于庭园。

6.2.8 **天目琼花(鸡树条荚蓬)** *Viburnum sargentii* Koehne.

[**形态**]灌木,高达3 m。单叶对生,叶片为广卵形至卵圆形,通常3裂而具掌状3出脉。花序复伞形、顶生、密花,外圈为不孕性辐射状白花;内面为乳白色杯状花冠的小花。浆果状核果、球形,鲜红色。花期5~6月,果期9~10月。

[**生态**]耐阴、耐寒、喜湿润气候,多生于溪谷湿润处或林内。

[**分布**]东北、华北、西北、华中、华东均有分布。

[**栽培**]通常用种子繁殖,扦插、分根亦可。

[**用途**]叶色浓绿、夏季白花、秋季红果、宜孤植、丛植于林下,林缘或庭园供观赏。

6.2.9 **接骨木** *Sambucus williamsii* Hance.

[**形态**]灌木或小乔木,高6 m。奇数羽状复叶对生,小叶5~7(11),卵状椭圆形。顶生聚伞状圆锥花序、松散,花小白色至淡黄色,花冠辐射。浆果状核果,近球形,熟时黑紫色或红色。花期5~6月,果期7~9月。

[**生态**]喜光、稍耐阴、耐寒、耐旱,不择土壤,萌蘖性强。

[**分布**]北起我国东北、南至秦岭以北,西达甘肃南部和四川。朝鲜、日本亦有分布。

[**栽培**]通过用种子繁殖,扦插、分株亦可,容易栽培。

[**用途**]可植于庭园、公园、亦可栽于坡地、林缘,做防护树。

6.2.10 **盐肤木** *Rhus chinensis* Mill.

[**形态**]灌木或乔木,高2~10 m。奇数羽状复叶,叶轴具狭翅,小叶7~13个。圆锥花序,顶生,萼片绿黄色、花瓣白色。核果近球形,橙红色。花期8~9月,果期10月。

[**生态**]喜光、喜温暖湿润气候,不耐严寒,对土壤要求不严,生于山坡、沟谷、杂木林中,适应性强、耐干旱瘠薄、深根性、萌芽力强。

[**分布**]北起我国辽宁、河北、南到广东、广西,西南到四川、贵州、云南等地。朝鲜、日本、印度也有分布。

[**栽培**]播种繁殖。一年生苗定植,3~4年生苗出圃绿化。

[**用途**]秋叶变红色,为庭园观赏优良树种。

6.2.11 **东北溲疏** *Deutzia amurensis*(Regel)Airy – Shaw.

[**形态**]灌木,高1~2 m。叶卵形或卵状椭圆形,叶面疏被星状毛。叶背面灰白色,密生星状毛。花白色,多数组成伞房花序,花径1 cm,花期6~7月,果期7~9月。

[**生态**]稍耐阴,喜排水良好的土壤,常见于混交林内山坡上或杂木林下及灌丛中。萌蘖力强,耐修剪。

［分布］我国辽宁、吉林及黑龙江大兴安岭、小兴安岭均有。朝鲜北部及俄罗斯也有分布。

［栽培］播种及扦插繁殖。春季应将徒长过盛的枝予以修剪。

［用途］可栽于庭园之角隅或岩阴之处。树姿隐约，别具风趣。也可植为花篱或供境界栽植之用。

6.2.12　**扁担木** *Grewia parviflora* Bunge.

［形态］灌木，高1～2 m。树皮灰褐色。枝有纵向条纹。单叶互生，叶卵形或菱状卵形。聚伞花序与叶对生，小花5～8朵，淡黄色，核果橙红色至红色。花期6月，果期9～10月。

［生态］喜光、喜肥沃土壤、生于平原地区或山地灌丛中。

［分布］我国辽宁大连及华北、西南等省区。朝鲜也有分布。

［栽培］插条繁殖。4～5年生苗木出圃。

［用途］观花、观果灌木，宜从植、列植。

6.2.13　**藏花忍冬（华北忍冬）** *Lonicera tatarinowii* Maxim.

［形态］灌木，高达2 m。叶片长圆状披针形，花梗长1～2.2 cm，苞片凿形，相邻2小苞片合生，花冠2唇形，暗紫色。浆果，近球形红色，合生。花期5～6月，果期8～9月。

［生态］耐寒、耐半阴、喜湿润气候，在含腐殖质丰富壤土生长良好。

［分布］我国华北及内蒙古、陕西、甘肃、辽宁等省区。朝鲜也有分布。

［栽培］种子繁殖，用嫩枝扦插亦可。

［用途］花奇特、色艳、果红色可观，可丛植于庭院或片植于林下供观赏。

6.2.14　**台尔曼忍冬** *Lonicera tellmanniana* Spaeth.

［形态］大型攀缘藤本。单叶对生，每一条主、侧枝顶端的1～2对叶都合生成盘状，顶部一对盘状叶的上方由3～4轮花组成穗状花序。花橙色、花冠唇形，花期可达半年以上。

［生态］喜阳光、喜温暖，也能耐半阴。能在pH5.5～7.5的各类土壤上生长。喜土壤湿润、肥沃而排水良好的生长环境。

［分布］本种是盘叶忍冬和贯叶忍冬杂交产生的后代。1981年北京植物园由美国明尼苏达州引进，随后沈阳植物园由北京引人栽培，发育良好。

［栽培］扦插繁殖生根率较高，也可压条繁殖。

［用途］本种是优良的垂直绿化新材料，可在北方园林中推广应用。

6.2.15　**贯叶忍冬** *Lonicera sempervirens* L.

［形态］常绿藤本，多分枝。叶对生，无叶柄或近无柄，抱茎；叶片卵形、椭圆形至长圆形，枝顶端的1～2对叶片基部相连成盘状。花轮生，每轮通常6朵，2

至数轮组成顶生穗状花序,花冠近整齐漏斗形,桔红色。浆果红色。花期 5 ~ 8 月,果期 9 ~ 10 月。

[**生态**]喜光、稍耐寒,在疏松肥沃壤土生长良好,适应性较强。

[**分布**]原产于美洲南部,我国上海杭州、北京、熊岳、沈阳等地有栽培。

[**栽培**]通常用种子繁殖,扦插亦可。容易栽培,在沈阳幼苗需防寒越冬。

[**用途**]叶形奇特,花色艳丽且花期长,为良好的棚架观赏藤本。

6.2.16 **桃色忍冬** *Loniceratatarica* L.

[**形态**]灌木,高达 3m。叶片卵形至卵状长圆形。花梗长 1 ~ 2 cm,花冠 2 唇形,粉红色、红色或白色。浆果红色、常合生。花期 5 ~ 6 月,果期 6 ~ 9 月。

[**生态**]耐寒、耐旱、喜光、稍耐阴、喜深厚之壤土,又耐瘠薄。

[**分布**]原产于欧洲。我国新疆北部及北方城市广为栽培。俄罗斯亦有栽培。

[**栽培**]通常用种子繁殖,扦插亦可,移栽易成活。

[**用途**]枝繁叶茂、花色丰富,果鲜红可观,可片植、孤植于庭园,又可与行道树配植。

6.2.17 **东北接骨木** *Sambucus mandshurica* Kitag.

E 形态]高大灌木。奇数羽状复叶,对生、小叶 5 ~ 7,长圆形,顶生圆锥花序,密花,长 2.5 ~ 6 cm,黄绿色或先端微紫色,浆果状核果,球形,成熟后红色。花期 5 ~ 6 月,果期 7 ~ 9 月。

[**生态**]强健、喜光、耐寒、耐旱,不择土壤,萌蘖性强。

[**分布**]黑龙江、吉林、辽宁、内蒙古。蒙古、俄罗斯、朝鲜有分布。

[**栽培**]用种子繁殖和分根繁殖,容易栽培。

[**用途**]花、果可观,常孤植或丛植于庭院,又是较好的防护林树种。

6.2.18 **长尾接骨木** *Sambucus peninsularis* Kitag.

[**形态**]灌木。奇数羽状复叶,小叶通常 5,顶端小叶有柄,叶片卵状长圆形,先端长尾状渐尖。顶生圆锥花序,花梗无毛。浆果状核果,球形,熟时黑褐色。花期 5 ~ 6 月,果熟期 8 月。

[**生态**]喜光、耐寒、耐旱、不择土壤,萌蘖性强。

[**分布**]产于旅顺老铁山,沈阳有栽培。

[**栽培**]种子繁殖,分株亦可,容易栽培。可粗放管理。

[**用途**]花、果可观,可做庭园观赏树,亦可植于坡地、沟谷作防护树。

6.2.19 **八角枫** *Alangium platanifolium* Harms

[**形态**]灌木或小乔木,高达 3 m。叶互生,叶近圆形或广倒卵形,掌状脉,主脉 3 ~ 6 条。花 1 ~ 7 朵组成腋生的聚伞花序,白色或黄白色、芳香、花瓣反

卷。核果卵圆形,蓝黑色。花期在6月,果期9月。

[**生态**]喜光、稍耐阴、喜温湿气候及肥沃、疏松土壤。生于山坡杂木林中或林缘。

[**分布**]我国华北、华东、华中、西南以及辽宁东部、南部山区,千山有相当数量生长。朝鲜、日本也有分布。

[**栽培**]播种繁殖。2年生苗换床,4年定植,6年生大苗出圃。

[**用途**]叶、花、果均可观赏,宜孤植、列植或丛植。根、叶、花可入药。

6.2.20 **假色槭(九角枫)** *Acer pseudo-sieboldianum* Kom.

[**形态**]小乔木或灌木,高8 m。单叶对生,密生白绒毛,近圆形,直径6~10 cm,常9~11裂。伞房花序,花瓣5,黄色。翅果褐色,长约2.5 cm。花期在5~6月,果期9月。

[**生态**]喜光、喜肥树种,不耐修剪,生于海拔600~1 000 m杂木林中。

[**分布**]我国黑龙江、吉林等省的东南部,辽宁东部和东南部山区。俄罗斯东部、朝鲜北部也有分布。

[**栽培**]播种育苗,二年生苗换床,4~5年苗出圃绿化。

[**用途**]叶形美丽,秋叶红色,观赏极佳。宜丛植、群植造园。

6.2.21 **鸡爪槭** *Acer palmatum* Thunb.

[**形态**]小乔木,高达10 m,小枝紫色或灰紫色。叶掌状7~9裂。花杂性,同株,紫红色。翅果长2~2.5 cm,花期5月,果期9月。

[**生态**]喜光,喜温暖湿润,不耐寒。

[**分布**]我国河南及长江中下游地区。朝鲜、日本也有。大连有栽培。

[**栽培**]播种繁殖

[**用途**]可孤植、丛植,作庭园树。

6.2.22 **金银忍冬(金银木)** *Lonicera maackii* Maxim.

[**形态**]灌木,高大5~6 m。叶片卵状椭圆形至卵状披针形。花成对腋生,花冠2唇形,先白色、后变黄色、有微香。浆果红色,存于枝上可达2~3个月。花期5~6月,果期9月。

[**生态**]喜光、稍耐阴,喜湿润气假亦耐干旱,耐寒,对土壤要求不严,抗性强。

[**分布**]我国东北、华北、华中,西南各地。朝鲜、俄罗期也有分布。

[**栽培**]用种子和扦插繁殖,容易栽培,要适时修剪,保持树姿整齐。

[**用途**]夏季白花耀眼,入秋红果满枝,冬果不落与瑞雪相衬,好似红装素裹,景观十分优美。可孤植或丛植于庭园。

6.2.23 **早花忍冬** *Lonicera praeflorens* Batalin.

[**形态**]灌木,高达2 m。叶广卵圆形至椭圆形。花先于叶开放,成对生于

叶腋的总花梗上，花梗短，苞片卵形至披针形，萼片卵形，花冠淡紫色。浆果红色、萼宿存。花期4~5月，果期5~6月。

[**生态**]喜光、稍耐阴、耐寒，喜湿润温暖气候及深厚肥沃壤土。

[**分布**]我国东北东南部。俄罗斯、日本、朝鲜也有分布。

[**栽培**]播种、扦插繁殖。移栽易成活。

[**用途**]早春开花，盛夏红果累累，可丛植或孤植于庭园。

6.2.24 **长白忍冬** *Lonicera ruprechtiana* Regel.

[**形态**]灌木，高3~5 m。叶片长圆状倒卵形至披针形。花梗长1~2 cm，相邻两花的萼筒分离，苞片凿形、较萼长、小苞片卵圆形、花冠白色、后变黄色、唇形，花筒粗而膨大。浆果红色或桔红色。花期5~6月，果期8~9月。

[**生态**]喜光、能耐阴、耐寒。喜湿润亦干旱，较喜肥沃壤土，适应性较强。

[**分布**]我国黑龙江、吉林、辽宁等省。朝鲜北部及俄罗斯也有分布。

[**栽培**]用种子繁殖。移栽易成活。

[**用途**]白花红果、枝叶繁茂、宜孤植、丛植于庭园、又可片植于林缘及坡地。

6.2.25 **紫枝忍冬** *Lonicera maximowiczii* Regel.

[**形态**]灌木，高达2~3 m。叶片大小多变化，叶卵形、椭圆形或卵状长圆形至卵状披针形。花梗长1.5~2.5 cm，花冠紫红色，长约1 cm。浆果红色，相邻两果在中部以上合生，卵形。花期5~6月，果期8月。

[**生态**]耐阴、耐寒、喜湿润肥沃土壤，多生于山坡杂木林中。

[**分布**]我国黑龙江、吉林、辽宁、陕西、甘肃等省。朝鲜、俄罗斯也有分布。

[**栽培**]用种子和扦插繁殖，幼苗期应遮荫保护，避免夏季高温、干旱。

[**用途**]夏花秋果，别具一格，宜丛植于庭园或片植于林下。

6.2.26 **秦岭忍冬** *Lonicera ferdinandii* Franch.

[**形态**]灌木，高达3 m，枝开展。叶卵形或长圆状披针形。托叶常合生，苞片叶状卵形。花冠淡黄色，2唇形，浆果红色。花期5月，果期9月。

[**生态**]喜光、略耐阴、耐寒、耐干旱，喜深厚肥沃壤土。

[**分布**]我国华北、西北、东北及四川北部。朝鲜北部也有分布。

[**栽培**]种子繁殖。2年即可定植，4~5年即可出圃。容易栽培。

[**用途**]树势强健，根叶丰满。夏花秋果，可孤植、丛植于庭院。

6.2.27 **忍冬(金银花)** *Lonicera japonica* Thunb.

[**形态**]半常绿缠绕藤本。叶卵形至长圆状卵形、全缘。花成对生于叶腋，花冠2唇形，初开时白色、后变黄色、常带紫色斑纹，有香味。浆果球形、黑色。花期5~6月，果期8~9月。

[**生态**]喜光，又能耐半阴，耐寒、耐干旱和水湿，对土壤要求不严，但以湿润

肥沃、深厚之砂质壤土生长最好。

[**分布**]我国辽宁及华北、西北、华南等省区。日本、朝鲜亦有分布。沈阳有栽培。

[**栽培**]可用播种、扦插、压条和分株繁殖。幼苗期应保护越冬。

[**用途**]春、夏开花不绝,有清香、适合作晾台绿廊、花架的垂直绿化材料,又可栽在坡地、沟边作为地被。

6.2.28 **枸杞** *Lycium chinense* Mill.

[**形态**]灌木、高达1 m,多分枝,枝具棘刺,小枝顶端尖锐成刺状,单叶互生或簇生,叶片狭卵形,长椭圆形或卵状披针形,全缘。花单生或2~8朵簇生叶腋,淡紫色。浆果红色,卵状。花期6~8月,果期8~10月。

[**生态**]喜光、较耐阴、耐寒,对土壤要求不严,喜排水良好的沙壤土,耐旱、耐碱性强。

[**分布**]我国东北、华北、西北、华中、华南和华东。

[**栽培**]播种、扦插、压条、分株繁殖均可。栽培时以砂质壤土最好,注意适时修剪。

[**用途**]花期长,入秋红果累累缀满枝头,颇为壮观,宜植于庭园秋季观赏。根皮、果实均入药。

6.2.29 **小叶丁香** *Syringa microphylla* Diels

[**形态**]灌木,高达2 m。叶片卵形或椭圆状卵形,全缘。圆锥花序小、侧生、长3~10 cm,冠筒细长约1 cm,花淡紫红色,花药紫色。蒴果小、表面有疣状突起。一年两次开花,春季于5月,秋季于7~8月。果期9~10月。

[**生态**]喜光,喜土壤深厚、湿润而排水良好处,也耐寒冷和干旱。

[**分布**]产于我国华北、华中、西北各省区,辽宁南部有分布。

[**栽培**]播种繁殖,移栽易成活。

[**用途**]花美丽且可两次开花,是园林中良好的观赏花木,可丛植或孤植。

6.2.30 **蓝丁香** *Syringa meyeri* Schneid.

[**形态**]小灌木,高0.8~1.5 m。枝叶密生,幼枝稍呈四棱形。叶片椭圆状卵形或椭圆状倒卵形。圆锥花序自侧芽发出,花紧密,蓝紫色,萼为深蓝色,花药紫色。蒴果有疣状突起。花期5月。

[**生态**]喜阳光充足,耐寒、耐旱、长势强健、适应性强。

[**分布**]我国产于河南、河北太行山南部山区。沈阳有栽培。

[**栽培**]播种或嫁接繁殖。播种采用床播,嫁接用本属植物做砧木,移栽易成活。

[**用途**]花繁色艳,园林中可作点缀花木,也可盆栽供观赏。

6.2.31　**北京丁香** *Syringa pekinensis* Rupr.

[**形态**]灌木或小乔木,高达 10 m。叶片卵状披针形、卵形、长 4 ~ 10 cm,宽 2.5 ~ 5 cm,全缘。大型圆锥花序侧生,花冠乳白色。蒴果矩圆形,平滑或有疣状突起。花期 6 ~ 7 月,果期 9 月。

[**生态**]喜光、稍耐阴、耐寒、耐旱、喜湿润及土层深厚之壤土。

[**分布**]我国河北、河南、山西、陕西、内蒙古、甘肃、青海等省区。

[**栽培**]多用播种繁殖,扦插亦可。播种出苗率可达 90% ,2 年移栽。

[**用途**]花序大、芳香、可孤植或丛植于庭园。

6.2.32　**紫丁香** *Syringa oblata* Lindl.

[**形态**]灌木或小乔,高达 4 ~ 5 m。叶圆卵形至肾形,全缘,通常宽大于长。圆锥花序发自侧芽,花冠紫色、蓝紫色或淡粉红色,花筒长 1 ~ 1.5 cm。蒴果扁形而平滑。花期 5 月,果期 9 月。

[**生态**]喜光,稍耐阴,耐寒,耐旱,适应性强。

[**分布**]吉林、辽宁、内蒙古、河北、山西、陕西、山东、甘肃、青海、四川等省区。北方大多数城市有栽培。

[**栽培**]多采用播种繁殖,移栽易成活。

[**用途**]花色艳丽、朴素淡雅且芳香,花序大,开花早,可孤植、丛植于庭院,又可与行道树配植。

6.2.33　**白丁香** *Syringa oblata var. alba* Hort. ex Rehd

[**形态**]本种为紫丁香白色变种,与紫丁香主要区别是叶较小,背面有疏生绒毛,花白色,香气浓。

[**生态**]喜光、稍耐阴,耐寒,耐旱,喜排水良好的深厚肥沃土壤。

[**分布**]产于河南省,沈阳等地区有栽培。

[**栽培**]扦插繁殖或嫁接繁殖,种子繁殖容易产生变异。

[**用途**]花密而洁白、素雅而清香,常植于庭园,可丛植或孤植。

6.2.34　**暴马丁香** *Syringa reticulata* var. *mandshurica* Hara

[**形态**]灌木或小乔木,高达 10mo 叶片卵状披针形或卵形,全缘。圆锥花序大而稀疏,长 20 ~ 25 cm,花冠白色或黄白色、筒短。蒴果矩圆形、平滑或有疣状突起。花期 5 ~ 6 月,果期 9 月。

[**生态**]喜光,也能耐阴、耐寒、耐旱、耐瘠薄。

[**分布**]产于我国东北、西北、华北等地,朝鲜、日本、俄罗斯有分布。

[**栽培**]多用播种繁殖,大树移栽需带土球。育苗中通过修剪培育成小乔木,则应用价值更高。

[**用途**]春末夏初花繁叶茂,花序大型,密集压枝,且芳香,可孤植、丛植或列

植。

6.2.35 **红丁香** *Syringa villosa* Vahl

[**形态**]灌木,高达 3 m。叶片宽椭圆形至长椭圆形,长 5 ~ 18 cm。圆锥花序顶生,长可达 25 cm,花冠淡粉色至白色。蒴果圆柱形,平滑。花期 5 ~ 6 月,果期 8 ~ 9 月。

[**生态**]喜光,稍耐阴,耐寒,耐旱,喜冷凉湿润气候。

[**分布**]产于辽宁、河北、山西、陕西等省。朝鲜北部也有分布。

[**栽培**]播种繁殖,移栽易成活。

[**用途**]枝叶繁茂,花美而香,宜孤植、丛植或群植。

6.2.36 **水蜡(辽东水腊树)** *Ligustrum obtusifolium* var. *suae Kitag.*

[**形态**]灌木,高达 3m。单叶对生,叶片长椭圆形或广倒披针形,全缘。圆锥花序顶生、下垂,花白色、芳香,花筒长于花冠裂片的 2 ~ 3 倍。核果椭圆形、黑色,稍被蜡状白粉。花期 6 月,果期 9 ~ 10 月。

[**生态**]喜光,稍耐阴、耐寒,对土壤要求不严,适应性强。

[**分布**]我国华北、华中、华东,辽宁东南部也有分布,北方各地广为栽培。

[**栽培**]多用播种繁殖。移栽易成活。

[**用途**]耐修剪,广泛作造型树或绿篱。

6.2.37 **连翘** *Forsythia suspensa* Vahl.

[**形态**]灌木,高可达 3 m。枝条开展成拱形、髓中空。单叶对生、在一部分枝条上成 3 出叶或 3 深裂,叶片卵形或长圆卵形,叶缘有粗锯齿。花通常 1 ~ 2 朵腋生、黄色,先于叶开放。蒴果卵形。花期 5 月,果期 10 月。

[**生态**]喜光、略耐荫,喜土层深厚,也能耐干旱瘠薄、耐寒。

[**分布**]产于我国华北、西北、西南、华东各省区,北方等城市有栽培。日本也有栽培。

[**栽培**]可用扦插、压条、分株、种子繁殖,一般多用扦插繁殖。移栽易成活。

[**用途**]早春花先叶开放,花色金黄、艳丽可爱,为优良早春观花灌木。宜片植、丛植和孤植。

6.2.38 **金钟连翘** *Forsythia viridissima* Lindl.

[**形态**]灌木,高达 3 m。枝直立,小枝绿色、髓呈薄片状,萌枝常呈拱形。叶对生,叶片椭圆形、长圆形至长圆状披针形,边缘通常中部以上有锯齿或近全缘。花 1 ~ 3 朵腋生,深黄色,先于叶开放。蒴果卵形。花期 4 月下旬至 5 月,果期 10 月。

[**生态**]喜光,耐半阴,耐寒,不择土壤。

[**分布**]原产于我国长江流域,分布华东、华中、西南及陕西各省区,东北有

栽培。朝鲜亦有分布。日本有栽培。

[**栽培**]可用扦插、分株播种繁殖,一般多采用扦插繁殖,移栽易成活。

[**用途**]早春黄花满枝,先叶开放,富有迎春之意。可片植、丛植或孤植供观赏。

6.2.39 **迎春** *Jasminum nudiforum* Lindl.

[**形态**]灌木,高达5 m。小枝直立或弯曲呈拱形,稍有四棱。叶对生,小叶3,卵形至长圆状卵形。花先叶开放,黄色,浆果椭圆形,一般不结实。花期4月。

[**生态**]喜光,稍耐阴,颇耐寒,喜温暖向阳及湿润肥沃土壤。

[**分布**]我国华北、华中。大连有栽培。

[**栽培**]分株、压条或扦插繁殖。

[**用途**]早春观花树种。可丛植、片植或作花篱。

6.2.40 **兴安杜鹃** *Rhododendron dauricum* L.

[**形态**]半常绿灌木高1~2 m,多分枝。叶互生,近革质,椭圆形至卵状椭圆形,长1,5~3.5 cm,全缘。花1~4朵生枝顶。花冠漏斗状,红紫色,直径2.5~3.5 cm。蒴果圆柱形。花期5~6月,果熟期7~8月。

[**生态**]喜光,耐半阴,喜冷凉湿润气候,喜酸性土,忌高温干旱。

[**分布**]我国黑龙江、吉林、内蒙古东部,辽宁东部山区及医巫闾山。朝鲜、俄罗斯也有分布。

[**栽培**]播种繁殖,分株、扦插亦可。种子采收后低温保存,春季播种,要保持床面湿润,半月出苗。扦插用嫩枝。

[**用途**]花艳丽夺目,可片植、孤植形成美丽景观,也是岩石园造园的上等材料。

6.2.41 **迎红杜鹃** *Rhododendron mucronulatum* Turcz。

[**形态**]灌木,高达2 m,多分枝。叶厚纸质、互生,叶片长椭圆状披针形至椭圆形,长3~8 cm。花1~3朵生于去年枝顶端,先叶开放。花冠漏斗状,淡紫红色,径3~4 cm。蒴果圆柱形。花期4月中旬至5月初。果熟期6~7月。

[**生态**]喜光,稍耐阴,喜微酸性土壤,喜湿润凉爽气候,忌高温、干旱。

[**分布**]我国吉林南部、辽宁、河北、山东及江苏等省。朝鲜、俄罗斯也有分布。

[**栽培**]播种、扦插、分株繁殖。现多从山上引种应用于园林。移栽时带土球。

[**用途**]早春花先叶开放,花色艳丽。植于庭园供观赏。可孤植。丛植或片植。

6.2.42 **红瑞木** *Comus alba* L.

[**形态**]灌木,高 3 m。树皮暗红色,小枝血红色,有光泽,皮被白粉,皮孔明显。叶对生,卵状椭圆形或广椭圆形。圆锥状聚伞花序顶生,花白色。核果斜卵圆形,乳白色。花期 5 ~7 月,果期 7 ~9 月。

[**生态**]弱阳性树种、喜湿润肥沃土壤,生于河岸及杂木林中。

[**分布**]我国东北、华北、华东、西北等地区。朝鲜有分布。

[**栽培**]播种、压条、分根繁殖,2 年播种苗换床,5 年生苗出圃。耐修剪,栽培中每隔几年重剪一次,萌发新枝,观赏更好。

[**用途**]翠绿色的叶片衬托出鲜红色的枝条,格外引人注目,冬季叶变红色,冬雪衬红枝景观更美。宜孤植、丛植,广泛用于造园。

6.2.43 **偃伏株木** *Cornus stolonifera* Michx.

[**形态**]灌木,高 2 ~3 m,枝条血红色或鲜红紫色,被糙伏毛。单叶对生,叶片椭圆形或长圆状卵形,长 5 ~12 cm,叶全缘,上面深绿色,下面灰白色。聚伞花序,有小花 50 ~70 朵,花白色。核果白色,球形或近球形,直径 8 mm。种子暗灰色、表面光滑,呈扁圆形。花期 5 ~6 月,可延到 9 月。果熟期 7 ~9 月。

[**生态**]喜光,2 年生苗高可达 1.5 m,并能开花结实。在庇荫条件下生长慢。抗寒性强,-41 ℃时无冻害。抗旱,无病虫害。生长快,根蘖性强。

[**分布**]原产于美国内华达山脉至新墨西哥及至阿拉斯加和加拿大的纽芬兰。常见于海拔 2 700 m 以下的针叶林山地、江河两岸。我国沈阳、哈尔滨有栽培。波兰、挪威、俄罗斯等国均有栽培。

[**栽培**]播种及扦插繁殖。

[**用途**]树形优美,树条鲜红色。花期长达 120 天。抗性强,无病虫害,果宿存,花果并存等优点,四季观赏均佳。可孤植、片植。

6.2.44 **刺五加** *Acanthopanax senticosus* Harms

[**形态**]灌木,高 1 ~3m。1 ~2 年生枝通常密生刚毛状针刺,掌状复叶互生,具 5 小叶,小叶椭圆状卵形或狭倒卵形。伞形花序,具多数花,排列成球,于枝端顶生 1 簇或数簇。花紫黄色。果实近球形,成熟时黑色,花期 7 ~8 月,果期 8 ~9月。

[**生态**]喜光,稍耐阴,喜湿润气候和肥沃土壤,生于混交林下及林缘、山坡、灌丛以及沟溪附近。

[**分布**]我国辽宁山区及吉林、黑龙江、河北、山西、陕西等省。朝鲜、日本、俄罗斯远东地区也有分布。

[**栽培**]播种繁殖,4 ~5 年生大苗出圃。

[**用途**]可孤植或丛植供观赏,根皮和树皮入药。

6.2.45 **沙棘(醋柳)** *Hippophae rhamnoides* L.

[形态]灌木或小乔木,高 10 m。枝灰色,具粗壮棘刺、叶条形或条状披针形,两面密被银白色鳞片。花先于叶开放,淡黄色。果实近球形,桔黄色或橙黄色。花期 5 月,果期 9 ~ 10 月。

[生态]喜光,耐干旱,不择土壤,深根性,有根瘤菌,萌生力强,生长快,抗风沙。生于干燥山坡、沟谷及沙地。

[分布]我国辽宁及华北、西北、西南地区。蒙古、俄罗斯及其他欧洲国家也有分布。

[栽培]播种或扦插繁殖。3 年生苗上山造林。

[用途]绿化先锋树种。叶、果供观赏。亦是抗风、固沙、水土保持优良树种。果是营养滋补品,亦可入药。

6.2.46 **沙枣(银柳)** *Elaeagnusangus angustifolia* L.

[形态]灌木或小乔木,高 5 ~ 10 m。老枝栗褐色。叶长圆状披针形至狭披针形。叶表面浓绿色,背面密被银白色的星状鳞斑,全白,有光泽。花 1 ~ 3 朵生于叶腋,银白色、芳香。果实椭圆形。黄色,被有银白色鳞片。花期 6 ~ 7 月。果期 8 ~ 9 月。

[生态]喜光,喜干冷气候,也耐高温;深根性,根系发达,有根瘤。抗旱性及抗风力均强,在瘠薄的沙荒及盐碱地上均能生长。

[分布]产于我国华北、西北等地。辽宁有栽培。俄罗斯、日本、印度及地中海沿岸也有分布。

[栽培]播种、压条或扦插繁殖。

[用途]绿化先锋树种和香化树种,每当开花季节,花香四溢;树叶银白色,随风飘动,别具情趣。宜做行道树或庭园观赏树。

6.2.47 **柽柳** *Tamarix chinensis* Lour.

[形态]灌木或小乔木,高可达 7 m。枝细长,扩展而下垂,紫红色或棕红色。鳞状叶极小,淡蓝绿色,叶基部呈鞘状抱茎。总状花序生于当年生枝条上,组成大型顶生圆锥花序,花小,粉红色。花期 5 ~ 9 月,每年可开花 2 ~ 3 次。果期 6 ~ 10 月。

[生态]喜光,深根性,耐盐碱,抗风沙,抗旱力强,生于内陆滨海盐碱地或河岸沙地。

[分布]我国辽宁南部沿海及华北、长江中下游各省,南至广东、广西、云南等省。

[栽培]播种、插条繁殖。4 ~ 5 年生苗出圃。

[用途]花淡红色,枝条纤细而下垂,十分美丽,可为庭园观赏树。又是防

风、固沙好树种,枝叶入药。

6.2.48 **枣** *Zizyphus jujuba* Mill.

[**形态**]乔木,高10 m。枝互生,具短枝折曲。叶片较厚,近革质、卵形、圆卵形或卵状披针形,具光泽,三出脉。花淡黄色或微带绿色。核果卵形至柱状长卵形,暗红色或淡栗褐色泽,具光泽。花期5~7月。果期8~9月。

[**生态**]喜光,耐热,喜干,耐寒,耐干瘠,耐涝。不论山坡、丘陵、沙滩、轻碱地都能生长。根系发达。

[**分布**]分布广泛,北纬45°以南广大地区均有栽培。

[**栽培**]播种、嫁接、分根均能繁殖。3~4年苗即可出圃。

[**用途**]叶、枝、果供观赏、宜孤植、丛植。

6.2.49 **酸枣** *Zizyphus acidojujuba* C. Y. Cheng et M. J. Liu

[**形态**]灌木或小乔木,高达8m。小枝呈之字形弯曲,紫褐色。叶互生,卵形或椭状卵形。花2~3朵簇生于叶腋,呈短聚伞花序,黄绿色。核果近球形或长圆形,暗红色,果肉薄,味酸,花期6~7月,果期9月。

[**生态**]喜光,根系发达,抗性强。生于干燥向阳坡地、岗峦或平地,耐干旱,能护土固坡防止沙土流失。

[**分布**]我国东北、华北、西北、华东和西南地区。

[**栽培**]播种、分根繁殖。

[**用途**]园林绿化造林先锋树种,叶、果、树姿供观赏,果实入药。

6.2.50 **朝鲜黄杨** *Buxus microphylla var. koreana* Nakai

[**形态**]常绿灌木,高1~2 m。小枝四棱形。叶革质,长0.8~1.5 cm,宽0.4~0.8 cm,边缘略反卷,表面侧脉不甚明显。花序腋生,花密集呈头状,浅黄色。蒴果近球形。花期4月,果期6~7月。

[**生态**]喜光,稍耐阴,浅根性,须根发达,喜温湿气候和湿润肥沃土壤。生长缓慢,萌芽力强,耐修剪。

[**分布**]原产朝鲜,我国辽宁省抚顺、沈阳及沈阳以南有栽培。

[**栽培**]播种繁殖,种子成熟后即刻采种,采后即播。插条也能繁殖。7~8年生苗出圃。

[**用途**]叶、树姿供观赏、北方少有的常绿阔叶树种之一。宜孤植,丛植或作绿篱应用。

6.2.51 **东北鼠李** *Rhamnus schneideri var. mandshuric* ONaki

[**形态**]灌木,高1.5 m。枝互生,光滑有光泽,先端成刺。叶互生,在短枝上呈簇生状椭圆形、倒卵形或卵状椭圆形。长3~6 cm,宽约1.3 cm,花黄绿色,多簇生于短枝上。核果近球形,黑色。花期5~6月,果期9~10月。

［生态］喜光，稍耐阴，较耐瘠薄土壤，生于林间林缘坡地、河谷中。

［分布］我国东北、华北。朝鲜也有分布。

［栽培］播种繁殖。5~6 年生苗出圃。

［用途］宜孤植、丛植，果实可入药，嫩叶或芽可食可代茶。

6.2.52　**鼠李** *Rhamnus davurica* Pall.

［形态］灌木或小乔木，高达 10 m。树皮暗灰褐色，常呈环状剥裂。枝对生或近对生。叶片长椭圆形或卵状椭圆形，长 3~12 cm。花 3~5 朵生于叶腋或短枝上簇生，黄绿色，花梗长 1 cm。核果近球形。黑紫色。花期 5~6 月，果期 8~9月。

［生态］喜光，稍耐阴，根系发达，常生于低山山坡沟旁，或较湿润的杂木疏林中以及林缘。

［分布］我国东北、华北各地。蒙古、朝鲜、俄罗斯也有分布。

［栽培］播种繁殖。种子需埋藏越冬，3 年生换床，5~6 年生苗出圃。

［用途］宜孤植、丛植观赏，果实入药。

6.2.53　**大叶黄杨** *Euonymus japonicus* Thunb.

［形态］常绿灌木或小乔木，小枝四棱形，叶对生，革质，倒卵形或椭圆形，长 3~7 cm。聚伞花序腋生，淡绿色。蒴果粉红色，近球形，假种皮橘红色。花期 6~7月，果期 11 月。

［生态］喜光，耐庇荫，不耐寒。

［分布］原产于我国中部及日本。现我国各地引种栽培，大连地区可露地越冬。

［栽培］播种和扦插繁殖。耐修剪。

［用途］主要作绿篱树种，可孤植修剪成整形树。

6.2.54　**小叶黄杨** *Buxus microphylla* Sieb. et Zucc.

［形态］常绿灌木，高 1~3 m。枝常四棱形。叶革质，倒卵形至倒卵状椭圆形，长 1~2.5 cm，宽 0.5~2.0 cm。花簇生于叶腋或枝端，花小浅黄色。蒴果近球形，种子长圆形，有光泽。花期 5 月，果期 7~8 月。

［生态］喜光，稍耐阴、喜温湿气候和土层深厚土壤，萌芽力强，耐修剪。

［分布］产于我国中部，辽宁省沈阳以南有栽培。

［栽培］播种繁殖，采种后即时播种，扦插也可繁。5 年生苗定植育大苗，7 ~8年生苗出圃。

［用途］北方少有的常绿阔叶树之一，宜孤植、丛植或作绿篱应用。

6.2.55　**卫矛** *Euonymus alatus* Sieb.

［形态］灌木，高达 3 m。小技四棱形，绿色，常有 2~4 条扁平状木栓翅。叶

对生,椭圆形或倒卵状椭圆形,长 2 ~ 7 cm,宽 1.5 ~ 3.5 cm,聚伞花序,有 3 ~ 9 朵花,淡绿色。蒴果深裂,果皮紫色,外被橙红色假种皮。花期 5 ~ 6 月,果期 9 ~ 10 月。

[生态]喜光,耐寒,适应性强,生于山坡阔叶林中或林缘。

[分布]我国南北各省区。朝鲜、日本也有分布。

[栽培]播种繁殖,4 年生苗可出圃绿化。

[用途]叶、花、果供观赏,秋叶变红,宜孤植、列植、群植、枝叶入药。

6.2.56 **翅卫矛** *Euonymus macropterus* Rupr.

[形态]小乔木,高 2 ~ 5 m。小技紫红色。单叶对生,长倒卵形或广椭圆形,长 4 ~ 9 cm,宽 2 ~ 6 cm。聚伞花序,多花黄绿色。蒴果径 2.5 ~ 4 cm,有 4 个长翅,带红蔷薇色,4 裂、假种皮桔红色。花期 5 ~ 6 月,果期 9 月。

[生态]喜光,稍耐阴,喜湿润环境,生于阔叶林或针阔叶混交林内及林缘。

[分布]产于我国东北、华北。俄罗斯、朝鲜、日本也有分布。

[栽培]播种繁殖,插条亦可。4 ~ 5 年苗木出圃。

[用途]果梗细长,下垂,具长翅,开裂后露出橙红色假种皮,甚美观,又称"金丝吊蝴蝶",为秋季观果、观叶树种,宜孤植、丛植。

6.2.57 **胡枝子** *Lespedeza bicolor* Turcz.

[形态]灌木,高 1 ~ 3 m。三出复叶、互生,小叶长 1,5 ~ 6 cm。总状花序腋生,长 3 ~ 10 cm,花冠红紫色。荚果歪倒卵形。花期 7 ~ 9 月,果期 9 ~ 10 月。

[生态]喜光,根系发达,耐旱,耐瘠薄土壤,生于荒山坡地、林缘、路旁及杂木林间。

[分布]产于我国东北、华北、西北。朝鲜、日本也有分布。

[栽培]播种及分根繁殖。可直播造林,栽前要修根。

[用途]秋季观花,宜孤植、丛植。又可植于荒山,营造保持水土林并有改良土壤的作用。可做编织条材。

6.2.58 **山皂角(日本皂角)** Gleditsia japonica Miq.

[形态]灌木,高 12 m,胸径 60 cm。枝上有较粗壮略扁且分枝的棘刺。叶互生,偶数羽状复叶,小叶 6 ~ 8 对,雌雄异株,穗状花序,花瓣黄绿色。荚果扁平。花期 6 ~ 7 月,果期 9 ~ 10 月。

[生态]喜光,喜土层深厚,生于山沟阔叶林丛间,也有人工片林,耐干旱,适应性强。

[分布]我国华东、华中及辽宁。朝鲜、日本也有分布。

[栽培]播种繁殖。栽前要修根,栽后要剪枝。

[用途]叶、果、棘刺供观赏,冠大蔽荫,可作行道树,也可作防护林及树篱、

树障。孤植、丛植、列植均可。

6.2.59　**紫荆** *Cercis chinensis* Bge.

[**形态**]乔木,高达 15 m,但经栽培多成灌木状。小枝无毛。叶互生,柄长 2.5 ~3 cm,叶片近圆形全缘,长 6 ~13 cm。花先于叶开放,花冠紫红色,4 ~10 朵花簇生于老枝上。荚果长圆形,扁平。花期 4 ~5 月,果熟期 10 月。

[**生态**]喜光,喜湿润,萌生力强,忌水涝,耐修剪,幼苗移栽易成活,大树移植成活难。

[**分布**]我国华北、华东、西南及华中。

[**栽培**]播种、扦插、压条均能繁殖。种子晒干后贮藏于干燥处,春播前 80 天左右层积处理,或用温水浸种。

[**用途**]叶、花、姿供观赏,形态优美。宜孤植、丛植。树皮、根入药。

6.2.60　**金雀锦鸡儿** *Caragana frutexe*. Koch

[**形态**]灌木,高 1 ~2 m,枝细。掌状复叶 4 小叶、膜质,长 1.3 ~2.8 cm,宽 0.7 ~1.4 cm。花单生鲜黄色,花期 6 月。荚果圆筒形或稍扁。果期 7 ~8 月。

[**生态**]喜光,根系发达,少病虫害,耐干旱。生于山坡荒原、河岸、草地及河堤、沙地、林边等。

[**分布**]我国河北、山东、江苏、浙江等省,辽宁有栽培。欧洲、中亚细亚地区也有分布。

[**栽培**]播种、分根繁殖,栽前修剪根系,栽后修剪技叶,适时灌水、施肥。

[**用途**]叶、花、树姿供观赏,孤植、丛植、列植均可,亦可作绿篱树种。花可供药用。

6.2.61　**北京锦鸡儿** *Caragana pekinensis* Kom.

[**形态**]灌木,高达 2 m。偶数羽状复叶,小叶 6 ~8 对,长 0.5 ~1.2 cm。花 2 朵并生或单生,花冠黄色,长约 2.5 cm。荚果扁,长 4 ~5 cm。花期 5 月。果期 7 月。

[**生态**]喜光,喜湿润、沙质土壤,抗寒,较耐干旱,生于山坡、路旁,丛生或散生。

[**分布**]产于我国河北、山西。辽宁引进栽培。

[**栽培**]种子成熟要及时采种。播种、分根繁殖均可。注意预防果实虫害。

[**用途**]叶、花、果、树姿均可供观赏,宜孤植、丛植或作绿篱。也是营造水土保持林的先锋树种。

6.2.62　**小叶锦鸡儿** *Caragana microphylla* Lam.

[**形态**]灌木,高 1 ~3 m。枝黄色至黄褐色。偶数羽状复叶,互生,小叶 6 ~8 对。花单生,或 2 ~3 朵簇生。花冠黄色,长 2 ~2.5 cm。荚果扁,长圆形。花

期5～6月。果期8～9月。

[**生态**]喜光,耐干旱瘠薄土壤,耐低温,少病虫害。生于沙质地及干燥山坡,抗寒性强,不耐积水。

[**分布**]产于我国东北、华北、西北。俄罗斯、朝鲜、日本有分布。

[**栽培**]播种、分根繁殖。果实易遭虫害,注意预防。可直播造林,一年生幼苗忌暴晒。

[**用途**]防沙、治沙、保土先锋树种,绿化可用于丛植、绿篱或配植其他乔木。

6.2.63　**树锦鸡儿(黄槐)** *Caragana arboresces* Lam.

[**形态**]灌木,高1～3.5 m,树皮灰绿色。偶数羽状复叶互生或于短枝上丛生,花黄色2～4枚簇生于短枝上,稀单生。荚果扁圆柱形,花期5～6月,果期7～8月。

[**生态**]喜光,根系发达,较耐干旱,抗风沙,适应性较强,生于沙地及荒山坡土层深厚处。

[**分布**]我国东北、华北、西北地区。蒙古、俄罗斯也有分布。

[**栽培**]播种、插条、分根繁殖。五年大苗用于绿化。景观树要常修剪。

[**用途**]用于庭院、街道、广场、开阔草坪地孤植、丛植、列植或与其他乔木搭配,也可作绿篱。

6.2.64　**紫穗槐** *Amorpha fruticosa* L.

[**形态**]灌木,高1～4 m。奇数羽状复叶互生,小叶11～25枚。总状花序顶生或兼生于枝端叶腋,花紫色。荚果长圆形、弯曲。花期5～6月,果期8～9月。

[**生态**]喜光,抗寒、抗病虫害,根系发达。耐瘠薄、耐盐碱、耐干旱。萌生力强。适应性很强。

[**分布**]原产于北美。我国东北、华北有栽培,已成野生、半野生状态。

[**栽培**]10月采种,翌春播种,分根、插条繁殖均可,宜萌芽更新作业,一出苗可上山造林。

[**用途**]是观赏蜜源植物,保护堤岸防止水土流失,改良土壤,造林绿化之先锋树种,可作边界林、绿篱栽植。是编织原料。

6.2.65　**金州绣线菊** *Spiraea nishimurae* King.

[**形态**]灌木、高达1 m。小枝之字形弯曲,叶片菱状卵形,边缘具粗锯齿,通常三裂,叶面疏生柔毛,叶背密被短柔毛。伞形花序生于侧枝顶端,具花7～25朵,花白色,花期5月。果期8月。

[**生态**]喜光,稍耐阴,耐干旱瘠薄,适应性较强。

[**分布**]为我国辽宁特有树种,产于金州、盖州。

［栽培］播种繁殖，也可扦插。春播，床作散播，覆腐殖土约 0.5 cm，经常洒水，保持土壤湿润，约 20 天出土。

［用途］宜植于庭园、路边、草地、坡地等处。可孤植或丛植。

6.2.66　**日本绣线菊** *Spiraea japonica* L.

［形态］直立灌木，高约 1.5 m，小枝较细，幼时被柔毛。叶披针形或卵状披针形，先端渐尖，基部楔形，边缘具锯齿。复伞房花序生于新枝顶端，密被柔毛，花繁，粉红色至紫红色，花期 6 ~ 8 月。

［生态］喜光，也较耐阴，喜生于排水良好的沙壤中。分蘖力强，耐修剪。

［分布］原产于日本、朝鲜。我国北京、青岛、郑州、大连、沈阳、长春等地都有栽培。

［栽培］扦插繁殖。主要用嫩枝扦插，在遮荫覆膜环境中进行，扦插生根率达 90% 以上。

［用途］花繁色艳，花期长，宜配植于草坪、宅旁、路边，作花坛、花径、花篱或丛植庭园一隅，点缀山石边，颇具幽趣。

6.2.67　**珍珠花（珍珠绣线菊）** *Spiraca thunbergii* Sieb. ex BL.

［形态］灌木，高约 1.5 m。枝细长开张。叶线状披针形，秋叶桔红色。伞形花序无总花梗。有 3 ~ 7 朵小花，白色。花期 4 ~ 5 月。果期 5 ~ 6 月。

［生态］喜光，不耐庇荫，较耐寒。喜生于湿润排水良好的土壤。萌芽力强，耐修剪。

［分布］原产于我国华东，现广布于辽宁、山东、江苏、浙江等省。

［栽培］播种、扦插繁殖。采种后及时播种，床作撒播，覆腐殖土 0.5 cm，经常雾状喷水，保持床面湿润，约 20 天出苗，当年苗高可达 20 cm。

［用途］宜丛植林缘、草地、湖畔、崖边，做绿篱亦佳，或植常绿林丛前尤觉清晰明快。

6.2.68　**腊梅** *Chimonanthus praecox* Link

［形态］灌木，高达 4 m。小枝近方形，单叶对生，叶椭圆状卵形至卵状披针形，表面粗糙有硬毛。花黄色，先叶开放，芳香。果为花托膨大的椭圆形假果。花期 2 ~ 4 月，果期 9 ~ 10 月。

［生态］喜光，稍耐阴，耐干旱，忌水湿，喜肥沃排水良好之沙壤土。

［分布］原产于我国中部，黄河流域至长江流域各地普遍栽培。大连有栽培。

［栽培］播种、分根、嫁接繁殖。耐修剪，发枝力强。

［用途］早春观花树种，富诗情画意。可孤植、丛植。

6.2.69　**黄蔷薇** *Hemsl Rosa hugonis*

［形态］灌木，高 2.5 m。小枝较细，有刺和刺毛。羽状复叶，小叶 9 ~ 11 枚，

长圆形或倒卵形,基部近圆形,边缘具细锯齿,表面深绿光亮。花黄色或淡黄色,单瓣,单生,花期5月。果实球形,暗红色,果期6~7月。

[**生态**]喜光,耐旱。在排水好的沙壤中生长良好。

[**分布**]我国陕西、甘肃、四川等省。辽宁有栽培。

[**栽培**]播种、扦插繁殖。种子需层积沙藏。

[**用途**]黄蔷薇花团锦簇,红果累累,鲜艳夺目。可植于庭前、宅旁、林缘、坡地、假山石旁或配植于亭廊,相映生辉。

6.2.70 **月季** *Rosa chinensis* Jacq.

[**形态**]常绿或半常绿灌木,枝有皮刺。羽状复叶,小叶3~5枚,为广卵形或卵状椭圆形,花红色或粉红色,稀有白色,具香气,花期5~9月。果卵圆形或梨形,红色。果期9~11月。

[**生态**]喜光,喜温暖气候和肥沃土壤。

[**分布**]我国华北、华南、华东、华中、西北、西南地区广为分布。辽宁南部地区有栽培。

[**栽培**]扦插和嫁接繁殖。沈阳地区的月季多以盆栽为主。每次花后都要进行修剪和施肥。抗寒品种地栽时,需防寒过冬。

[**用途**]月季品种甚多,花色纷繁,观赏价值极高。宜丛植或片植,或配植于花坛、花带或多品种栽于一处辟为月季园。

6.2.71 **黄刺玫** *Rosa xanthina* Lind.

[**形态**]灌木,高达5 m。小枝紫褐色,具直立皮刺,无刺毛。羽状复叶,小叶7~13枚,近圆形或椭圆形,基部近圆形,边缘具钝重锯齿。花黄色,重瓣,单生于枝端,花期5~6月。

[**生态**]喜光,耐寒,耐干旱,喜沙壤土。

[**分布**]我国东北、华北、西北地区。朝鲜也产。

[**栽培**]分株、压条、扦插繁殖。

[**用途**]花繁色艳,宜孤植或丛植于庭前、亭廊两侧、墙角、路边、假山石旁或草地上。

6.2.72 **玫瑰** *Rosar ugosa* Thunb.

[**形态**]灌木,高达2 m。幼枝被黄色柔毛并密生皮刺和刺毛。羽状复叶,小叶5~9枚,椭圆形,叶面有光泽,脉纹显著。花单瓣,玫瑰红色,单生或数朵簇生枝端。花期5~6月。果扁球形,红色,果期8~9月。

[**生态**]喜光,较耐干旱。多生长在沿海沙滩及沿河沙滩地上。喜生排水良好的沙壤中。

[**分布**]我国辽宁、山东、吉林、新疆等省。朝鲜、日本也有分布区。

［栽培］播种、扦插、分株繁殖均可。

［用途］花大、色艳、果美，宜作花篱、花坛。又可孤植或丛植于宅前、路旁、草坪边缘等处。花可提取香精。

6.2.73　**多季玫瑰** *Rosa rugsa* cv. Duoji

［形态］灌木，高 1.5 m。枝上有皮刺，花枝上部几乎无刺。羽状复叶，小叶 5～9 枚，椭圆状卵形，叶缘锯齿状。花单生或簇生枝端，玫瑰红色，重瓣，花期 5～8月，

［生态］喜光，耐干旱，抗寒性较强。在排水良好的沙壤中生长最佳。

［分布］我国山东、河南、甘肃、辽宁等省都有栽培。

［栽培］分株、扦插繁殖。春季修剪，开花量明显增加。注意防治锈病和红蜘蛛危害。

［用途］花艳香浓，花期长，宜植于房前，路边、林缘、草地等处。作花篱、花径效果更佳。在公园内也可片植，宏观效果极佳。花可提取香精。

6.2.74　**珍珠梅（山高梁）** *Sorbaria sorbifolia* A. Br

［形态］灌木，高约 2 m。羽状复叶，小叶 7～11 枚，披针形至卵状披针形，先端渐尖，边缘有钝重锯齿。花白色，多花组成大型圆锥花序，花期在 7～9 月，蓇荚果长圆形，果期 10～11 月。

［生态］喜光，又耐庇荫，抗寒性较强。喜湿润肥沃土壤。萌蘖力强。

［分布］我国辽宁、吉林、黑龙江、内蒙古等省区均有。朝鲜、日本、俄罗斯也有分布。

［栽培］扦插、分株繁殖。

［用途］花洁白而繁盛，花期长，约三个月，观赏价值高。宜庭前、屋后、林缘、坡地、亭廊周围栽植。

6.2.75　**珍珠绣球** *Spiraea blumei* G. Don.

［形态］灌木，高达 2 m。小枝细，稍弯曲。叶菱状卵形至倒卵形，边缘中部以上有少数缺刻状圆钝锯齿，背面淡蓝绿色。花白色，多花组成伞形花序，花期 4～5 月。

［生态］喜光，较耐干旱，喜肥沃湿润沙壤土。

［分布］我国内蒙古、四川、广东、广西及华北、西北和辽宁等省区均有。日本也有分布。

［栽培］播种、扦插繁殖。春播，床作撒播，覆腐殖土厚约 0.5 cm，经常洒水，保持床土湿润，约 20 天出苗。

［用途］宜植于山坡、水边、路旁、庭园，若以深绿色树丛为背景，颇为醒目。

6.2.76　**樱花** *Prunus serrulata* Lindl.

［形态］乔木，高达 20 m。叶片与花同时开放，叶缘锯齿长刺芒状，花瓣白

色或浅红色，花径 2 ~ 3 cm。核果黑色。花期 4 ~ 5 月，果期 6 ~ 7 月。

[**生态**]喜光，不耐庇荫，怕积水，要求排水良好的土壤。

[**分布**]我国河北、安徽、江西、浙江、贵州等省有分布。大连有栽培。

[**用途**]栽培种类甚多。可列植、丛植或片植。

6.2.77　**毛樱桃** *Prunus tomentosa* Thunb.

[**形态**]灌木，高达 3 m。枝条幼时密被绒毛，叶倒卵形，椭圆形或卵形，边缘有锯齿，背面密被柔毛。花白色或淡粉色，单生或 2 朵并生果实球形，成熟时红色。花期 4 ~ 5 月，果期 6 月。

[**生态**]喜光，稍耐阴，耐寒、耐旱，适应性强。

[**分布**]我国东北、华北、西北、西南地区。朝鲜、日本也有分布。

[**栽培**]播种繁殖。种子需沙藏处理。

[**用途**]可孤植或丛植于房前、屋后、林缘、坡地、路旁、山石边，亭廊周围。果可生食，亦可酿酒。

6.2.78　**榆叶梅** *Prunus triloba* Lindl.

[**形态**]灌木，高达 5m。小枝紫红色。叶倒卵形至椭圆形，边缘具粗重锯齿。花粉红色，单生或 2 朵并生，花径约 2 cm。果实近球形，红色，外被密毛。花期 4 ~ 5 月，果期 6 ~ 7 月。

[**生态**]喜光，稍耐阴，耐旱、耐寒。喜生中性至微碱性肥沃疏松沙壤土。

[**分布**]我国辽宁、河北、山西、内蒙古、山东等省区均有。

[**栽培**]播种繁殖，也可扦插。注意防治蚜虫。

[**用途**]花繁色艳，宜植于公园草地、路边、墙角、亭廊周围，如衬托常绿树或配植山石处，则效果更佳。

6.2.79　**重瓣榆叶梅** *Prunus triloba* var. *plena* Dipp.

[**形态**]与榆叶梅相似，主要区别在于花重瓣，粉色或粉红色。花梗长于萼筒。

[**生态**]同榆叶梅。

[**分布**]同榆叶梅。我国北京、沈阳、大连等栽培较多。

[**栽培**]扦插、嫁接、分株繁殖。应注意防治蚜虫危害。

[**用途**]观赏价值高，宜植庭前、路边、墙隅、亭廊两侧，

若植于草坪边缘或配植于假山、怪石旁，则观赏效果更佳。

6.2.80　**大山樱** *Prunus sargentii* Rehd.

[**形态**]大乔木，高达 25 m。树皮暗棕色，有环状条纹。叶卵状椭圆形，倒卵形或倒卵状椭圆形，边缘具锐重锯齿，齿尖具刺芒。花粉色或淡粉色，2 ~ 4 朵簇生。核果近球形，黑紫色。花期 4 ~ 5 月，果期 7 ~ 8 月。

[生态]喜光,喜湿润气候和湿润土壤,抗寒性较差。

[分布]原产日本北部、俄罗斯库页岛。我国大连、沈阳有栽培。

[栽培]播种和嫁接繁殖。嫁接时以樱桃、山樱桃、山桃为砧木。

[用途]可孤植或丛植于山坡、庭园、建筑物前,也可列植在园路两侧。

6.2.81 **东北扁核木** *Prinsepia sinensis* Oliv. ex Bean

[形态]灌木,高达 2 m。多分枝,呈拱形,有腋生枝刺,枝条髓心呈片状。叶长圆状披针形,先端渐尖或圆钝,基部楔形,全缘。花淡黄色,1~4 朵簇生叶腋。花期 4 月。核果近圆形,红色,果期 7~8 月。

[生态]喜光,耐寒,耐干旱瘠薄。

[分布]产于我国辽宁、吉林、黑龙江等省。朝鲜有分布。

[栽培]播种繁殖,种子需层积沙藏。

[用途]宜植于林缘、坡地、庭院、公园、宅旁,应孤植或丛植。

6.2.82 **扁核木** *Prinsepia unifiora* Batal.

[形态]灌木,高约 1.5 m。枝灰褐色,具片状髓,枝刺腋生,叶长圆状披针形至椭圆状披针形,长 2.5~5 cm,先端钝或具短尖头,基部楔形,全缘。花白色,单生或 2~3 朵簇生于叶腋。核果近球形,暗紫红色,被腊粉。花期 4~5 月,果期 8~9 月。

[生态]喜光,耐干旱,喜排水良好的沙壤。

[分布]原产于我国西北。沈阳、大连有栽培。

[栽培]播种,扦插繁殖,种子需层积沙藏。

[用途]植于林缘、路旁、庭园、宅旁或植于山石旁。可孤植或丛植。

6.2.83 **红叶李(紫叶李)** *Prunus cerasifra* f. atropurpurea Rehd,

[形态]小乔木,高达 8 m。叶椭圆形或卵形,长 5 cm 以上,先端急尖,基部广楔形或圆形,叶缘有锯齿,叶为紫红色,叶背沿中脉有短柔毛。花单生或 2~3 朵簇生,浅粉红色。花期 4 月,果期 7~8 月。

[生态]喜光,耐寒性较差,喜温暖湿润气候。

[分布]原产于亚洲西南部。北京、山西、河南、辽宁、黑龙江有栽培。

[栽培]扦插或嫁接繁殖。嫁接多以山桃、山杏做砧木,接后 2~3 年即可出圃。

[用途]叶片紫红色,春、秋两季叶色更艳,宜丛植或片植于草坪、广场、建筑物附近。若与常绿树配植,绿树红叶更加相映成趣。

6.2.84 **欧李** *Prunus humilis* Bge.

[形态]小灌木,高约 1 m。小枝纤细。叶倒卵状披针形或倒卵状狭椭圆形,边缘具细锯齿。花单生或 2 朵并生,与叶同时开放,花期 4~5 月。核果近

球形,红色,果期8月。

[**生态**]喜光,耐寒,耐干旱瘠薄,多生于干燥山坡、林缘、路边。

[**分布**]产于我国辽宁、吉林、黑龙江、山东、河南、内蒙古等省区。

[**栽培**]播种、扦插或分株繁殖。

[**用途**]植株低矮,可做地被植物。宜植于干燥山坡,或与山石搭配,或丛植、片植于草坪边缘。种仁入药。

6.2.85 **郁李** *Prunus japonica* Thunb.

[**形态**]小灌木,高药1.5 m。小枝纤细,灰褐色或黄褐色。叶卵形至卵状披针形,先端具长尾状尖。花淡粉色至白色,2~3朵并生,花径约1.5 cm,与叶同时开放。果实成熟暗红色。花期4~5月,果期7~9月。

[**生态**]喜光,多生于山坡、林缘和路旁,较耐干旱和抗寒,抗烟尘。萌蘖力强,易更新。

[**分布**]产于我国辽宁、河北、山东、吉林、黑龙江等省。朝鲜、日本也有分布。

[**栽培**]播种、扦插繁殖。老树易发生介壳虫危害,应注意防治。

[**用途**]花繁果艳,宜群植作花径,或配植在阶前屋旁、路边、假山、坡地等处。

6.2.86 **山桃稠李(斑叶稠李)** *Prunus maackii* Pupr.

[**形态**]乔木,高达10 m。树皮黄褐色,光亮,片状剥落。叶倒卵状长圆形或卵状椭圆形,先端渐尖,基部圆形或扩楔形,边缘有细锯齿,叶背散生腺毛,在叶基处有两腺点。花白色,多花构成总状花序,花径约1 cm,核果球形,黑色,花期5月,果期7月。

[**生态**]稍耐阴,喜湿润土壤。

[**分布**]产于我国黑龙江、吉林、辽宁、河北等省。

[**栽培**]播种和扦插繁殖,种子需沙藏处理。

[**用途**]在园路和墙边可列植,在庭园和公园内可孤植和丛植,也可植于林缘、坡地等处。

6.2.87 **稠李** *Prunus padus* L.

[**形态**]乔木,高达15 m。树皮黑褐色。叶椭圆形或倒卵形,基部扩楔形或圆形,先端渐尖,边缘有钝锯齿。花白色,10~30朵组成总状花序,呈下垂状,花期4~5月。核果近球形,黑色,果期7~8月。

[**生态**]喜光,稍耐阴,抗寒。喜湿润环境,在沙壤土上生长良好。

[**分布**]产于我国东北、华北、西北等省区。日本、朝鲜、蒙古、俄罗斯均有分布。

[栽培]播种繁殖。种子需层积沙藏,春季播种,宽幅条播,开沟2~3 cm,播后覆土约1 cm。

[用途]宜列植于路旁、墙边,在庭园和公园中可孤植或丛植。

6.2.88 **风箱果** *Physocarpus amurensis* Maxim.

[形态]灌木,高达3米。小枝无毛,幼枝紫红色,老枝灰褐色,皮纵向剥落。叶三角状卵形至广卵形,先端尖,基部心形,通常3~5浅裂,边缘有重锯齿。花白花,多花组成伞形总状花序,花梗密被星状毛。蓇荚果膨大呈卵状。花期5~6月,果期8~10月。

[生态]喜光,耐干旱瘠薄土壤。

[分布]我国黑龙江、河北、山东等省均有。沈阳有栽培。俄罗斯、朝鲜也有分布。

[栽培]播种、扦插繁殖。

[用途]宜植坡地、林缘、路边、宅旁。孤植、丛植均可。

6.2.89 **金老梅** *Potentilla fruticosa* L.

E形态]小灌木,高达1 m。多分枝。小枝幼时伏生丝状柔毛。奇数羽状复叶,小叶通常5枚,长椭圆形或长圆状披针形,长0.6~1.5 cm,先端急尖,基部楔形,全缘,叶两面均有丝状柔毛。花单生或数朵成伞房花序,花黄色。瘦果,花期6~8月,果期8~10月。

[生态]喜光,耐寒,对土壤要求不严格。

[分布]我国黑龙江、吉林、辽宁、内蒙古、河北、山西及西北和西南的高山带均有。朝鲜、蒙古、日本、俄罗斯、欧洲、北美也有分布。

[栽培]播种、分株、扦插繁殖。

[用途]花期长,色艳,宜作花篱。在路边、林缘、草地、亭廊之旁可孤植或丛植。

6.2.90 **银老梅(华西银腊梅)** *Potentilla glabra* Lodd.

[形态]灌木,高1~1.5 m。直立,幼时被绢毛。羽状复叶,小叶3~5枚,倒卵状长圆形或长圆披针形,先端圆钝,具小尖头,基部圆形至楔形,全缘,表面被白色丝状毛,花单生枝端,白色。瘦果。花期6~7月,果期7~9月。

[生态]喜光,稍耐庇荫,较耐干旱,抗寒。

[分布]我国河北、陕西、甘肃、湖北、四川等省均有。辽宁亦有栽植。

[栽培]播种,扦插繁殖。嫩枝扦插较易生根。

[用途]花期长,宜作花篱,在园路旁,亭、廊一隅可丛植。叶入药。

6.2.91 **西府海棠** *Malus micromalus* Mak.

[形态]小乔木或灌木,高达5 m。枝直立性强,叶椭圆形至长椭圆形,边缘

具锐锯齿。花粉红或红色,4 ~7 朵构成伞形总状花序。果实扁圆形,淡黄色,果径 1.5 ~2 cm。花期 4 ~5 月,果期 9 ~10 月。

[生态] 喜光,较耐旱,耐寒。喜生于肥沃排水良好的沙壤。

[分布] 我国辽宁、河北、山西、山东、陕西、甘肃、云南等省均有。

[栽培] 扦插、嫁接繁殖。应注意防治红蜘蛛、蚜虫、天幕毛虫、苹桧锈病。

[用途] 花繁果艳、观赏价值较高,宜植于门、亭、廊的两侧,也是假山湖石的配植树种。

6.2.92 山楂(山里红) *Crataegus pinnatifida* Bunge

[形态] 小乔木,高达 6 m。树皮灰色或灰褐色。叶三角形,卵形或菱状卵形,基部截形至广楔形,先端短渐尖,有 3 ~7 羽状裂,边缘重锯齿。花白色,多花组成伞房花序。果近球形,直径 1 ~1.5 cm,鲜红色。花期 5 月,果期 9 月。

[生态] 喜光,稍耐阴,耐寒,耐干旱瘠薄。根系发达,萌蘖性强。

[分布] 我国黑龙江、吉林、辽宁、河北、山西、陕西、江苏等省均有。朝鲜亦有分布。

[栽培] 播种繁殖。种子需层积沙藏处理。

[用途] 树冠整齐、花繁叶茂,是观花、观果好树种,可做庭园整型树、遮荫树和绿篱,又是在大果山楂的砧木。

6.2.93 皱皮木瓜(贴梗海棠) *Chaenomeles speciosa* Nakai

[形态] 灌木,高达 2m。叶卵形或椭圆形。花 3 ~5 朵簇生,橙红,粉红或白色,近无梗。果卵形或椭圆形,黄绿色,芳香。花期 4 月,果期 10 月。

[生态] 喜光,稍耐阴。适应性强,在酸性土和中性土均能生长,但喜生排水良好的土壤。

[分布] 产于我国陕西、甘肃、四川、贵州、云南、广东等省区。辽宁南部有栽植。

[栽培] 用分株、扦插、压条法繁殖。春季移植、栽后灌足水。落叶后剪除病枯枝。注意防治锈病和芽虫。

[用途] 花艳色美。秋天又具黄色芳香之硕果,是优良的观花、观果灌木。可于庭园墙隅、草坪边缘配植或与山石相配,极富画意。果可入药。

6.2.94 圆醋栗(灯笼果) *Ribes grossularia* L.

[形态] 灌木,高约 1 m。节具 3 叉刺,刺长约 1 cm,节间被刺毛。叶近圆形,3 ~5 裂,裂片钝尖,边缘具粗齿牙,叶背沿叶脉有短柔毛。花 1 ~3 朵,花瓣小,淡绿白色。浆果近球形,黄绿色或带红褐色。花期 5 月,果期 7 ~8 月。

[生态] 喜光、耐寒,喜肥沃土壤。

[分布] 原产于欧洲、北非及喜马拉雅地区。我国吉林、辽宁有栽培。

[**栽培**]用播种或分根繁殖。

[**用途**]观叶、观果灌木。可孤植、片植或与乔木配值。果可生食或供加工。

6.2.95　**东北茶藨** *Ribes manschuricum* Kom.

[**形态**]灌木,高 1 ~2 m。枝粗壮,小枝褐色无毛。叶掌状 3 -5 裂,叶缘有尖锯齿,叶背密被绒毛。浆果球形,红色。花期 5 ~6 月,果期 7 ~9 月。

[**生态**]稍耐阴,耐寒,常生于阔叶林或针阔混交林下。

[**分布**]产于我国东北、华北及陕西、甘肃等省区。朝鲜、俄罗斯有分布。

[**栽培**]播种繁殖。很少有病虫危害。

[**用途**]观叶、观果灌木,可孤植或丛植。果可制果酱及酿酒。

6.2.96　**天女花(天女木兰)** *Magnolia sieboldii* K. Koch.

[**形态**]小乔木,高可达 10 m,或灌木状。枝细长无毛,橄榄椭圆形或倒卵状长圆形,花单性,径 7 ~19 cm,花瓣白色 6 枚,芳香,花萼淡粉红色,3 枚反卷。花期 5 ~6 月,果熟于 9 月。

[**生态**]喜生于冷凉湿润的山谷阴坡。要求深厚肥沃、排水良好的土壤。

正分布]产于我国辽宁、吉林、河北、安徽、江西、福建、广西等省。日本、朝鲜也有分布。

[**栽培**]播种繁殖。9 月采种,埋藏处理后,翌年春播种。

[**用途**]本种花白似玉,美丽芳香,花梗细长,盛开时随风飘荡,为理想的庭园观赏树。可孤植或丛植。

6.2.97　**二乔木兰** *Magnolia soulangeana* Soul. - Bod.

[**形态**]小乔木,或灌木状。高 6 ~10 m,叶倒卵形至卵状长椭圆形,花大,呈钟状,内面白色,外面淡紫,有芳香,花萼似花瓣,但长仅达其半,先叶开花。花期 4 月。

[**生态**]喜光,稍耐用,较玉兰、木兰更为耐寒、耐旱。喜肥沃湿润、排水良好的沙壤土。

[**分布**]我国杭州、北京、大连有栽培,沈阳有引种。在欧美各国园林中栽培较多。

[**栽培**]本种为白玉花与紫玉兰的杂交种。有较多的变种与品种。嫁接繁殖。9 月下旬用木兰为砧木,枝接。苗木移栽要带土球。

[**用途**]花大美丽,是名贵的早春花木,可孤植,也可列植宅旁或群植观赏。树皮供药用。

6.2.98　**大花溲疏** *Deutzia grandifora* Bge.

[**形态**]灌木,高 1 ~2 m。叶卵形或卵状椭圆形,表面疏被星状毛,叶背密被灰白色星状毛。花白色,较大,直径 2.5 ~3 cm。1 ~3 朵聚伞状生于枝顶,花

期在5月,果期8月。

[生态]喜光,耐寒,耐旱,对土壤要求不严,生于丘陵和低山山坡灌丛中。

[分布3我国辽宁及华北、西北各省区均有。

[栽培]播种或插条繁殖,插条易成活。春季应修剪徒长过盛之枝。

[用途]本种是溲疏中花径最大、开花最早的,花在叶前开放,满树雪白。可孤植或丛植,栽于庭院角隅或岩阴之处。

6.2.99 **小花溲疏** *Deutzia parviflora* Bge.

[形态]灌木,小枝褐色。叶卵形,椭圆形或窄卵形,叶两面疏生星状毛。伞房花序,具多花,花白色,径1 cm,花及果实有星状毛。花期在6月,果期8月。

[生态]喜光,稍耐阴,耐寒。多生于山地林缘和灌丛中。

[分布]产于我国华北、东北、内蒙古等地,朝鲜、俄罗斯也有。

[栽培]播种繁殖。亦可扦插,插条易成活。耐修剪。

[用途]花小,但素雅而繁密,且正值初夏少花季节开放,是很好的庭园观赏灌木。宜孤植或丛植。

6.2.100 **东陵绣球(东陵八仙花)** *Hydrangea bretschneideri* Dipp.

[形态]灌木,高1~3 m。树皮通常片状剥裂,老枝红褐色。叶长圆状卵形或椭圆状卵形。伞房花序,边缘之不育花白色,后变淡紫色,花期6~7月。果期8~9月。

[生态]喜光,稍耐阴,耐寒。生于山地阔叶林边湿润地。忌干燥,半阴及湿润排水良好之地最宜。

[分布]产于我国黄河流域各省山地及辽宁凌源县。

[栽培]播种和插条繁殖。本种为辽宁新记录种。栽培中很少有病虫危害。

[用途]可孤植或丛植于庭园角隅及墙边或与其他乔灌木配植。

6.2.101 **东北山梅花** *Philadelphus schrenkii* Rupr.

[形态]灌木,高达2~3 m。一年生枝被灰色平伏毛。叶卵形,稀有椭圆状卵形,叶面无毛,叶背沿脉疏有柔毛。总状花序具花5~7朵,花白色,芳香。花期6月,果期8~9月。

[生态]耐寒,稍喜光,生于山坡阔叶林下灌木丛中。

[分布]产于我国东北。朝鲜、日本、俄罗斯也有分布。

[栽培]播种、分株或插条均可繁殖。枯枝、过密枝条应及时疏剪,以利观赏及增强树势。

[用途]可孤植、丛植于庭园或公园中,又可植于路口、建筑物附近。

6.2.102 **绢毛山梅花** *Philadelplus sericanthus* Koehne

[形态]灌木,高3 m。小枝无毛,叶两面脉上有粗伏毛。花白色,径约2.5 cm,

萼外有毛，花柱无毛，7 ~ 15 朵花成总状花序，花期在 6 月。果期 8 ~9 月。

[生态]喜光，怕涝，多生于山坡疏林或溪边灌丛中。

[分布]产于我国长江流域各省，欧美有引种栽培。沈阳、大连等地有栽培。

[栽培]常用播种繁殖。

[用途]栽作花篱或丛植于草坪。

6.2.103 堇叶山梅花 *Philadelphus tenuifolius* Rupr.

[形态]灌木，高约 2 m。枝皮略剥落。叶卵形或卵状披针形，叶质较薄，幼叶常呈蓝紫色。总状花序，常具花 5 朵，花柱无毛，花白色。花期 6 月，果期 8 月。

[生态]喜光，稍耐阴，常生于杂木林内、林缘或灌丛中。

[分布]产于我国东北及河北等省区。朝鲜、日本及俄罗斯远东地区也有分布。

[栽培]播种、分蘖或插条繁殖。注意疏剪过密枝和干枯枝以增强树势。

[用途]为优良的观赏灌木，适于庭院、公园中点缀，具芳香又是蜜源树种。

6.2.104 狗枣猕猴桃(狗枣子) *Actinidia kolomikta* Maxim.

[形态]藤本，长 7 ~ 15 m。枝髓片状褐色，叶卵形或椭圆状卵形，叶片中上部常有黄白色或紫红色斑。花白色或粉红色，浆果长椭圆形或球形，暗绿色。花期 5 ~6 月，果熟于 9 月。

[生态]喜光，亦较耐阴，生于杂木林与灌丛中。

[分布]产于我国东北、西北、华北、华中、西南等地。朝鲜、日本、俄罗斯亦有。

[栽培]播种繁殖。落叶后应予适量修剪，枯萎枝条应及时剪除。

[用途]垂直绿化材料，用于花架、绿廊之绿化。

6.2.105 大叶小檗 *Berberis amurensis* Rupr.

[形态]灌木，高 20d3m。小枝有沟槽，刺常为 3 叉。叶椭圆形或倒卵形，长 5 ~ 10 cm，叶缘有刺毛状细锯齿。花淡黄色，10 ~ 25 朵排成下垂的总状花序。果椭圆形，亮红色，花期 5 月，果熟期 9 月。

[生态]喜光，喜肥沃土壤，多生于山地林缘、溪边或灌丛中。耐寒性强。

[分布]产于我国东北、华北、西北。朝鲜、日本、俄罗斯有分布。

[栽培]播种繁殖。定植时，可进行强剪，以促其多发枝叶，生长旺盛。

[用途]观花，观果。可孤植或丛植于池畔、石旁，或墙隅及树下栽植。根茎可入药。

6.2.106 紫叶小檗 *Berberis thunbergii* cv. Atropurpurea

[形态]本栽培变种在阳光充足条件下，除落叶外常年叶为紫红色，其他同

小檗。

[生态]喜光,较耐寒,适生于温暖向阳、排水良好的地方o

[分布]北京植物园由国外引入,现上海、北京、天津、沈阳、大连、鞍山等地有栽培。

[栽培]播种,扦插繁殖。耐修剪。

[用途]本栽培变种是良好的观叶树种,可孤植、丛植或成片栽植,作彩篱或栽植成图案、树坛等。

6.2.107 **小檗** *Becberis thunbergii* DC.

[形态]灌木,高达2 m。幼枝紫红色、刺通常不分叉。叶倒卵形或匙形,全缘,叶面暗绿色,花1~5朵成簇生伞形花序,花期5月,果熟于9月,亮红色。

[生态]喜光,稍耐阴,较耐寒。对土壤要求不严,萌芽力强,耐修剪。

[分布]原产于日本。我国北京、大连、沈阳、抚顺等地有栽培。

[栽培]播种或扦插繁殖。定植时,应进行强剪,以促其多发枝丛,生长旺盛。

[用途]良好的观叶、观果树种,又为岩石园的栽植材料,枝细密而有刺,可作刺篱。根和茎供药用。

6.2.108 **北五味子** *Schisandra chinensis* Baill.

[形态]木质藤本,长达8 m。皮红褐色,叶宽椭圆形,倒卵形或宽倒卵形,叶面有光泽。雌雄异株,花径1.5 cm,乳白或带粉红色,芳香,花期5月,浆果深红色,果期8~9月。

[生态]稍耐阴,喜湿润环境,耐寒,以湿润肥沃、排水良好壤土最为适宜。常生于河谷沟旁。

[分布]产于我国东北、内蒙古、华东、华中、西北、西南等地。朝鲜、日本、俄罗斯亦有。

[栽培]播种或插条繁殖,种子需埋藏处理,翌年春播种。

[用途]春末叶色翠绿,入秋红果下垂,为良好庭园藤本植物。既是观赏树种又是著名药用植物。

6.2.109 **榛** *Corylus heterophylla* Fisch.

[形态]灌木或小乔木,高达7 m。树皮灰褐色,有光泽。叶形多变异,圆卵形至倒广卵形。坚果常3枚簇生,总苞钟状,坚果外露。花期4~5月,果熟期9月。

[生态]喜光、耐寒、耐旱,喜肥沃之酸性土壤,多生于向阳山坡及林缘。

[分布]我国东北、华北、西北、内蒙古。朝鲜、日本、俄罗斯亦有分布。

[栽培]用播种或分蘖繁殖。栽植不宜过密。

［用途］在池畔、溪旁孤植或丛植。亦可用作境界栽植，又是山区绿化及水土保持树种。

6.2.110　**毛榛** *Corylus mandshurica* Maxim. et Rupr.

［**形态**］灌木，高达 6 m。树皮褐灰色，龟裂。小枝密被毛，叶卵状长圆形或倒卵状长圆形，总苞管状或瓶状，坚果藏于其内。花期 5 月，果期 9 月。

［**生态**］喜光，稍耐阴。在湿润肥沃的土壤上生长旺盛。多在山的中腹部以下生长。

［**分布**］产于我国东北、华北及陕西、甘肃东部，四川等地。朝鲜、日本及俄罗斯有分布。

［**栽培**］用播种或分蘖繁殖。

［**用途**］同榛树。

6.2.111　**牡丹** *Paeonia suffruticosa* Andr.

［**形态**］灌木，分枝短而粗壮。叶互生，常为二回 3 出复叶，少数近枝顶的叶子为 3 小叶。花单生枝顶，径 10 ~ 15 cm，苞片、萼片及花瓣均 5 枚或为重瓣，花有紫、粉红、白、黄、绿等色。花期 5 月，9 月果熟。

［**生态**］喜光，而以在稍庇荫下生长良好，性较耐寒，畏热，耐干燥，喜凉爽、喜深厚肥沃而排水良好之沙壤土。

［**分布**］原产我国西北部，栽培历史悠久。现广为栽培。

［**栽培**］播种，分株或嫁接繁殖。嫁接用芍药根为砧木，秋季切接。栽培地忌积水。

［**用途**］我国传统名花。常布置作专类花坛、花台、花园，亦可盆栽。根皮入药。

6.2.112　**山葡萄** *Vitis amurensis* Rupr.

［**形态**］藤本，长 15 m 以上。枝粗大，有不明显棱形线。有与叶对生的二歧卷须。叶互生，具长柄，长 4 ~ 12 cm，叶片宽卵形，3 ~ 5 裂或不裂。圆锥花序与叶对生，雌雄异株，花黄绿色。浆果球形直径 1 cm，黑紫色。花期 5 ~ 6 月，果期 8 ~ 9 月。

［**生态**］喜光，稍耐阴，生于山地杂木林内、林缘。

［**分布**］我国东北、华北、华东等省内。朝鲜北部及俄罗斯西伯利亚也有分布。

［**栽培**］播种或插条繁殖。3 年生苗出圃。

［**用途**］垂直绿化植物，叶、果供观赏，果实可食、可酿酒，又可作繁殖葡萄的砧木。

6.2.113　**葡萄** *Vitis vinifera* L.

［**形态**］藤本，长达 30 m。枝粗壮，具细条纹，有节。卷须与叶对生，大而密，

花小。浆果椭圆形或球形。黑紫色、紫色或黄绿色。花期6月,果期8~9月。

[**生态**]喜光,喜温暖湿润气候及肥沃土层深厚土壤。

[**分布**]原产亚洲西部,我国各地广泛栽培。

[**栽培**]插条繁殖,辽宁境内越冬须防寒o

[**用途**]庭园绿化观赏,营建果园树种,可作棚架植物。

6.2.114　**草白蔹** *Ampelopsis aconitifolia* Bunge

[**形态**]蔓性草本状灌木。枝平滑无毛,淡灰褐色。卷须与叶对生。叶互生,掌状复叶,广卵形,长4~7 cm,表面绿色,背面色淡。复聚伞花序与叶对生,花黄绿色。浆果近球形,橙黄色或黄色。花期6~7月,果期8~9月。

[**生态**]喜光,耐瘠薄,生于沙质地、荒野或干燥山坡上。

[**分布**]我国辽宁、吉林及华北、华中各省区。

[**栽培**]播种、分根繁殖。3年生苗出圃。

[**用途**]园林绿化先锋植物,可作棚架攀缘植物材料。

6.2.115　**蛇白蔹** *Ampelopsis brevipedunculata* Trautv.

[**形态**]蔓性灌木。小枝淡黄色,有细棱线。卷须与叶对生,叶互生具长柄,长5~7 cm,叶片为广卵形3~5浅裂。二歧聚伞花序,黄绿色。浆果球形,蓝兰色,种子坚硬。花期6月,果期7~8月。

[**生态**]喜光,生于山坡及林缘,土壤瘠薄处亦能生长。

[**分布**]我国东北、华北、华东。朝鲜、日本、俄罗斯也有分布。

[**栽培**]播种、分根繁殖。3年生苗出圃。

[**用途**]棚架植物材料。叶、花、果供观赏,果实可酿酒。

6.2.116　**五叶地锦** *Parthenocissus quinquefolia* Planch.

[**形态**]攀缘性藤本。幼枝带红色。卷须与叶对生,5~8分歧,顶端具吸盘。叶互生,掌状复叶具5小叶,小叶椭圆状长圆形或椭圆形,长4~10 cm,秋叶变黄色或红色。圆锥状二歧聚伞花序较疏散,与叶对生,花黄绿色。浆果球形,兰黑色。花期7~8月,果期9~10月。

[**生态**]喜光,稍耐阴,耐瘠薄土壤,适应性强,攀缘在南北向的楼体墙面均能生长,速生。

[**分布**]原产于北美,我国山东、河北、辽宁有栽培。

[**栽培**]播种或插条繁殖。2年生苗出圃。

[**用途**]叶、果供观赏,垂直绿化植物,多用于棚架或做地被植物栽培。

6.2.117　**地锦** *Parthenocissus tricuspidata* Planch.

[**形态**]攀缘藤本。枝条粗壮多分枝。生有多数短小分枝的卷须,卷须顶端具圆形吸盘,叶互生,在短枝端两叶呈对生状,叶宽卵形,常三裂,秋叶变红色或

红紫色。聚伞花序常腋生于短枝端,花两性。浆果球形,蓝紫色。花期 6 月,果期 9 ~ 10 月。

[**生态**]适应性强,喜光,喜湿,能耐阴,南北向墙面均能生长。生于山坡及杂木林内、林缘。

[**分布**]我国辽宁有野生,从吉林到广东均有分布。朝鲜、日本也有分布。

[**栽培**]播种、分根、插条均能繁殖。2 ~ 3 年生苗出圃。

[**用途**]垂直绿化最佳树种,多用于建筑物及墙面绿化。

6.2.118　**南蛇藤** *Celastrus orbiculatus* Thunb.

[**形态**]藤本。叶互生,近圆形或倒卵形,长 6 ~ 10 cm,叶柄长 1 ~ 2.5 cm。聚伞花序顶生或腋生,花小淡黄绿色。蒴果球形,橙黄色,直径 0.8 ~ 1.0 cm,三裂,种子白色,假种皮红色。花期 5 ~ 7 月,果期 9 ~ 10 月。

[**生态**]喜光、抗旱。耐寒、缠绕性强,生于山坡、阔叶林边或山沟。

[**分布**]我国东北、华北、华中、西北。日本、朝鲜、俄罗斯也有分布。

[**栽培**]播种、扦插均能繁殖,4 年生苗可出圃绿化。

[**用途**]供庭园棚架栽植的攀缘植物,根、茎、叶、果均能入药。

6.2.119　**紫藤** *Wisteria sinensis* Sweet.

[**形态**]缠绕性藤本。小枝赤褐色,疤痕明显突出。奇数羽状复叶,小叶 7 ~ 13个,卵状披针形,长 4 ~ 8 cm,宽 1.5 ~ 2.5 cm。总状花序,长 13 ~ 27 cm,蝶形花,紫色。荚果坚硬,花期 5 ~ 6 月,果期 8 ~ 9 月。

[**生态**]喜光,生于阳坡、林缘、溪旁、旷地、灌丛中。较耐干旱,喜肥沃深厚土壤,根系发达。

[**分布**]我国华北、华东、华中、西南等地有栽培,辽宁沈阳以南有栽培。在国外多以美国紫藤为砧木嫁接。

[**栽培**]播种繁殖,2 ~ 3 年生苗出圃绿化,栽植前要修根。

[**用途**]花大下垂,枝叶茂密,浓荫花香,荚果悬垂,甚为美观,是优良的棚架藤本植物。在公园及绿地内栽植,构成垂直绿化景观。

6.2.120　**大花铁线莲** *Clematis patens* Morr. et Decne

[**形态**]蔓性灌木。茎圆柱形,表面暗红色,有明显的纵纹。三出复叶,纸质,卵圆形。单花顶生,被淡黄色柔毛,无苞片,花大,直径 8 ~ 12 cm,白色或淡黄色。花期 5 ~6 月,果期 6 ~ 7 月。

[**生态**]喜光,喜肥沃疏松排水良好的土壤。常生于山麓、向阳坡,草丛或灌丛中。

[**分布**]我国辽宁东部、山东、浙江等省,朝鲜、日本亦有分布。

[**栽培**]用播种、压条或扦插方法繁殖。

[用途]本种花大而美丽,是垂直绿化的好材料。根可入药。

6.3 草本花卉

草花有一年生草花及宿根多年生草花。草花具有丰富的色彩,可以在造园应用上大放异彩,姹紫嫣红的视觉景观令人激动。草花以观花为主,一年生草花在花期结束后,必须依季节更换其他种类;多年生草花也需要良好的养护,才能延续生长开花,延长宿根花的生长周期。

6.3.1 一、二年生草本花卉

6.3.1.1 一串红

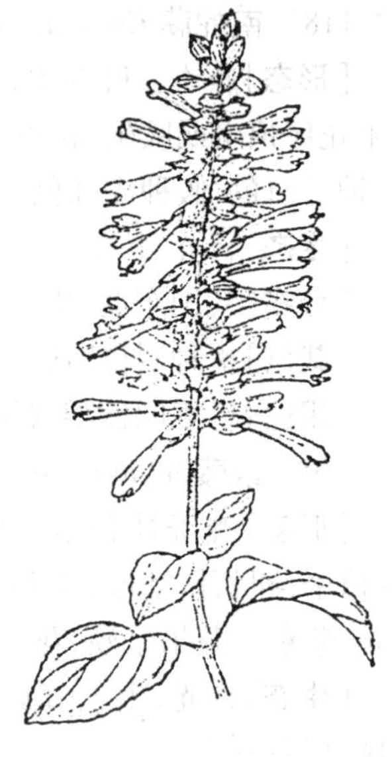
一串红

别名:爆竹红

科名:唇形科 *Labiatae*

学名:*Salvia splendens* Ker. - Gawl.

原产地:巴西或栽培种。

形态:一年生草花

主要花期:5 月中下旬至降霜。

高度 × 冠幅:矮性(15 ~ 30)cm ×(20 ~ 40)cm,中高性(35 ~60)cm ×(40 ~60)cm。

色泽:花色以浓红色最美艳,其他尚有白、乳白、紫、桃红、鲑红色等。

光照:阳性植物,需强光。

生育适温:15 ~30 ℃

生长特性:花期极长,开花期间须追肥。性喜温暖而耐高温,盛夏生育逐渐转劣。

景观用途:单植无景观价值,大型盆栽、花台、花坛大面积群植,盛开时一片艳红花海,引人入胜,是目前花坛布置之主要草花。

6.3.1.2 矮牵牛

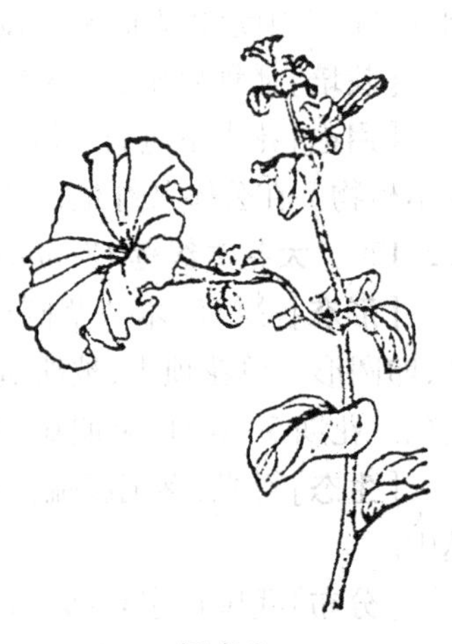
矮牵牛

别名:毽子花、撞羽朝颜

科名:美人襟科 Salpiglossidaceae

学名:*Petunia hybrida* Vilm.

原产地:杂交种

形态:一年生草花

主要花期:5 月中下旬至降霜

高度×冠幅:茎直立或横卧性。(15~30)cm×(20~40)cm。

色泽:花形有单瓣或重瓣。花色有白、红、桃红、紫红、橙红、紫蓝、紫黑或具斑条等。

光照:阳性植物,需强光。

生育适温:10~30 ℃

生长特性:性喜温暖,忌高温多湿,每年 5 月梅雨季后生育逐渐转劣。繁殖后代容易退化,杂交第一代花径最大且美。

景观用途:盆栽、吊盆、花台、花坛美化,大面积栽培具有地被效果,景观瑰丽悦目。

6.3.1.3　美女樱

科名:马鞭草科 Verbenaceae

学名:*Verbena hybrida* Voss

原产地:羽裂美女樱原产北美洲、墨西哥。裂叶美女樱原产南美洲。

形态:多年生草本常作一、二年栽植。

主要花期:4 月至降霜。

高度×冠幅:茎呈匍匐性,(10~20)cm×(40~65)cm。

色泽:羽裂美女樱花色桃红,裂叶美女樱浓紫色或紫蓝色。

光照:阳性植物,需强光。

生育适温:20~30 ℃

美女樱类

生长特性:花期长,开花期间需追肥。通风不良易生白粉病。性喜温暖耐高温,花期过后需修剪或更新栽培。

景观用途:吊盆、花台栽植具有悬垂效果。花坛大面积栽培,景观柔美怡人,并具地被效果。

6.3.1.4　千日红

别名:圆仔红

科名:苋科 Amaranthaceae

学名:*Gomphrena globosa* L.

原产地:热带美洲或栽培种。

形态:一年生草本花卉。

主要花期:8 月至降霜

高度×冠幅:矮性(15～25)cm×(20～30)cm,高性(30～60)cm×(30～50)cm。

色泽:花色有紫红、粉红、白、淡橙等色。

光照:阳性植物,需强光。

生育适温:15～30 ℃

生长特性:生性强健,早生,耐热、耐旱,喜好适润土壤。花期长,苞片似纸质,可制干燥花。

景观用途:矮性品种适合盆栽、花台、花坛美化。

千日红

高性品种适合切花、制干燥花。花色明艳,搭配其他植物,色彩颇为出色。

6.3.1.5 金鱼草 *Antirrhinum majus* L.

科名:玄参科、金鱼草属

原产地:地中海区域。

形态:一、二年生草本花卉。

主要花期:5～6 月

高度×冠幅:(30～90)cm×(25～30)cm

色泽:花色丰富,有白、黄、红、紫及间色。

光照:阳性植物,不喜强光,不耐酷热,耐半荫。

生育适温:20～25 ℃

生长特性:能耐寒、喜肥沃,排水良好的土壤,不耐酷热,耐半阴。稍耐石灰质土壤,能自播。

景观用途:优良的花坛及花境材料,也是切花的好材料。全草入药,具清热凉血、消肿之效。

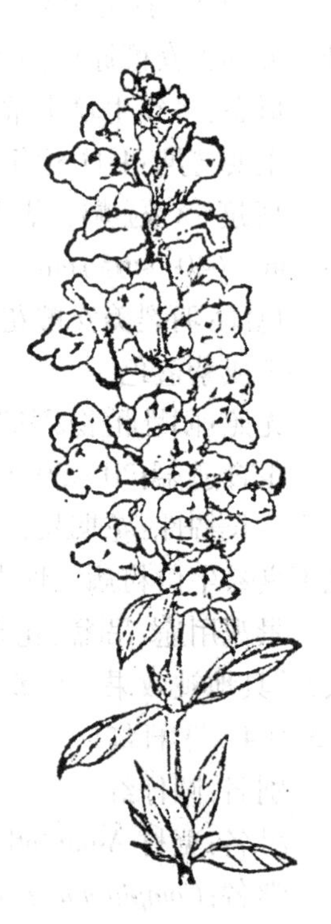

金鱼草

6.3.1.6 大波斯菊、黄波斯菊

科名:菊科 Compositae

学名:*Cosmos bipinnatus* Cav.(大波斯菊)

原产地:大波斯菊原产墨西哥。黄波斯菊原产墨西哥、巴西。

形态:一年生草本花卉

主要花期:8 月下旬至降霜

高度×冠幅:矮性(15~30)cm×(15~30)cm,高性(40~80)cm×(40~60)cm。

色泽:大波斯菊花色有白、桃红、紫红或混合色。黄波斯菊花色有黄、金黄、橙黄、橙红等色。

光照:阳性植物,需强光。

生育适温:大波斯 10~25 ℃。黄波斯 15~35 ℃。

生长特性:生性强健,成长快速,极早生,从播种到开花 40~50 天。繁殖容易,可直播,种子落地能再萌发幼株。

景观用途:大型盆栽、花台、花坛、道路绿岛等成簇栽植,花姿轻盈,迎风摇曳。

大波斯菊

6.3.1.7 虞美人 *Paparer rhotas* L.

科名:罂粟科、罂粟属

原产地:欧、亚大陆温带。

形态:一、二年生直立草本花卉。

主要花期:5~6 月。

高度×冠幅:(30~90)cm×(20~25)cm。

色泽:花色自白经红至紫,并有斑纹品种。变种有复瓣和重瓣种,并有白边红花和红边白花等间色品种。

光照:阳性植物。

生育适温:18~25 ℃。

生长特性:耐寒,根系深长,不耐移植,而能自播。

对土壤要求不严,但喜向阳,排水良好的砂质壤土。

景观用途:优良的花坛,花境材料,也可盆栽或栽作切花。

虞美人

6.3.1.8 藿香蓟 *Ageratum Conyzoidts* L.

别名:胜红蓟、蓝翠球。

科名:菊科,藿香蓟属。

原产地:墨西哥。

形态:一年生草本花卉。

主要花期:7~10月中下旬。

高度×冠幅:(40~60)cm×(20~25)cm。

色泽:蓝色。

光照:阳性植物、喜阳光。

生育适温:20~30 ℃。

生长特陛:不耐寒,喜湿热,但酷热则生长受到抑制,对土壤要求不严,耐修剪。

景观用途:可作花坛、花径、花境材料,矮生品种适于作花坛边缘植物。高品种可作切花。

藿香蓟

6.3.1.9 凤仙 *Impatiens balsamina* L.

别名:指甲花、金凤花。

科名:凤仙花科、凤仙花属。

原产地:印度、马来西亚和中国南部。

形态:一年生草本花卉。

主要花期:6~8月

高度×冠幅:(30~80)cm×(25~30)cm。

色泽:自白、粉红、玫红至大红、茄紫、紫红,花色繁多。

光照:阴性植物,喜潮湿。

生育适温:20~30 ℃。

凤仙

生长特性:不耐寒,能自播繁殖,对土壤适应性强,喜排水良好的土壤,固茎部肉质多汁。如夏季干旱,往往落叶而后凋萎。

6.3.1.10 大花三色堇 *Viola tricolor* var. *hortensis* DC.

别名:蝴蝶花、鬼脸花。

科名:堇菜科,堇菜属。

原产地:西欧。

形态:一年生草本花卉。

主要花期:5~7月。

高度×冠幅:30 cm×(20~25)cm。

色泽:色彩丰富,具有一个界线分明的中央圆斑,一般是紫、红、白、黄、红等颜色互相渗润。

光照:阴性植物。

大花三色堇

生育适温:18 ~25 ℃。

生长特性:喜凉爽气候和阴凉湿润土壤,但在任何精细耕作和充分施用腐熟有机肥的土壤,都能生长良好。能自播繁殖。

6.3.1.11　彩叶草

彩叶草

科名:唇形科 Labiatae

学名:*Coleus blumei* Benth

原产地:杂交种(小叶彩叶草原产斯里兰卡)

形态:一、二年生草本。

高度×冠幅:(20 ~80)cm×(30 ~60)cm。

质感:中至粗。

色泽:叶色极丰富,五彩缤纷,酷似美丽图案,为观叶植物中色彩最鲜明亮丽的一群。开花浅蓝,至深蓝色。

光照:阳性植物,需强光。

生育适温:15 ~30 ℃。

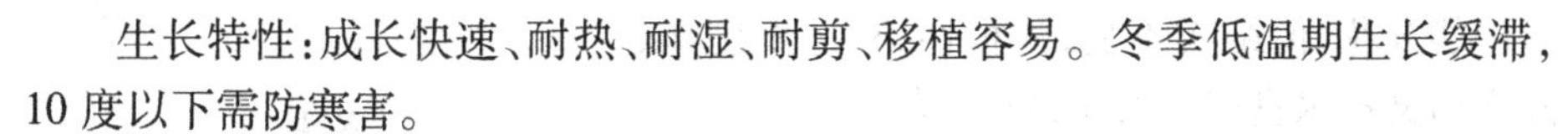

生长特性:成长快速、耐热、耐湿、耐剪、移植容易。冬季低温期生长缓滞,10 度以下需防寒害。

开花时剪除花茎,可防止老化。

景观用途:盆栽、花坛缘栽、列植、簇植或地被。尤适于大面积强调色彩美化,景观宜人,为目前造园常用之观叶植物。

6.3.1.12　百日草

百日草

别名:百日菊

科名:菊科 Compositae

学名:*Zinnia elegans* Jacq.

原产地:墨西哥。

形态:一年生草花

主要花期:7 ~10 月。

高度×冠幅:矮性(20 ~30)cm×(20 ~30)cm,高性(40 ~100)cm×(40 ~60)cm。

色泽:花色有红、桃红、黄、金黄、橙黄、白等色。

光照:阳性植物,需强光。

生育适温:20 ~30 ℃。

生长特性:生性强健,成长迅速,花期长,开花期间需追肥。喜适润土壤,耐高温。

景观用途:矮性品种适合盆栽、花台、花坛美化。高性品种适合切花。它是夏季花坛布置较理想草花。

6.3.1.13　翠菊 *Callistephus chinensis* Nees.

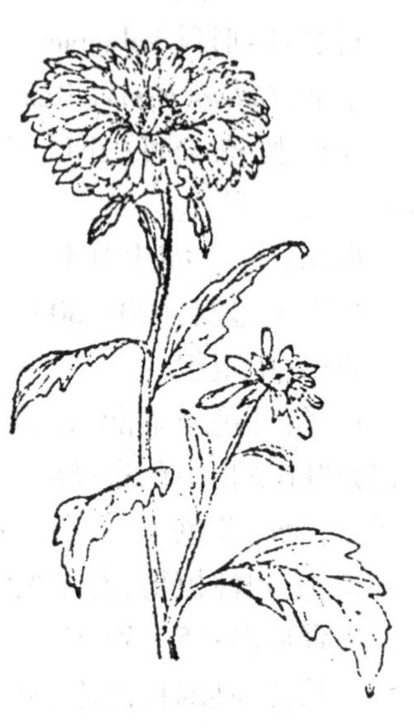
翠菊

别名:蓝菊、江西腊。

科名:菊科,翠菊属。

原产地:中国东北、华北以及四川、云南各地。

形态:一、二年生草本花卉。

主要花期:5~6月。

高度×冠幅:(30~90)cm×(25~30)cm。

色泽:紫、深紫蓝、白、淡红、深红等色。

光照:阴性植物。

生育适温:20~25 ℃。

生长特性:耐寒性不太强,也不喜酷热,炎夏时虽能开花,但结实不良,浅根性,喜适度肥沃,潮润而又排水良好的壤土或砂质壤土。

景观用途:作花境,花坛,林缘栽植,亦可作鲜切花用。

6.3.1.14　金盏菊 *Calendula officinadis* L.

金盏菊

别名:常春花、黄金盏。

科名:菊科,金盏菊属。

原产地:欧洲南部。

形态:一年生草本花卉。

主要花期:3~6月。

高度×冠幅:(50~60)cm×(25~30)cm。

色泽:黄色、橙色。

光照:阳性植物。

生育适温:18~25℃。

生长特性:能耐寒,但不耐暑热。生长迅速,适,应性强,耐瘠薄土壤,但喜向阳轻松土壤,在气候温和、土壤肥沃条件下,开花大而多。

景观用途:作花坛或花境材料,也可作切花

或早春盆花。

6.3.1.15　福禄考 *Phlox drummondii* Hook

福禄考

别名:草夹竹桃、洋梅花、桔梗石竹。

科名:花葱科,福禄考属。

原产地:北美南部。

形态:一年生草本花卉。

主要花期:5~6月。

高度×冠幅:(15~45)cm×(20~25)cm。

色泽:玫红色。

光照:阳性植物。

生育适温:20~25 ℃。

生长特性:耐寒性不很强,性喜温和气候,不喜酷热,喜排水良好轻松土壤,不耐干旱。

景观用途:花坛、花境材料,亦可作春季室内盆花。

6.3.1.16　万寿菊

万寿菊

别名:臭菊

科名:菊科 Composltae

学名:*Tagetes erecta* L.

原产地:墨西哥或杂交种。

形态:一年生草花

主要花期:5月末至霜降

高度×冠幅:矮性(15~30)cm×(20~35)cm,中高性(30~90)cm×(30~60)cm。

色泽:花色有黄、金黄、橙黄等色。

光照:阳性植物,需强光。

生育适温:10~30 ℃。

生长特性:花期长,杂交第一代花朵最大最美,后代容易退化,植株渐长高,花朵渐小。

景观用途:盆栽、花台、花坛成簇栽培,金黄色彩格外显眼悦目。

6.3.1.17　石竹

科名:石竹科 Caryophyllaceae

学名:*Dianthus chinensis* L.

原产地:杂交种。

形态:一年生草花

主要花期:4~5月。

高度×冠幅:(15~25)cm×(15~25)cm。

色泽:花色丰富,有红、粉红、紫红、白或各种颜色镶嵌。

光照:阳性植物,需强光。

生育适温:10~25 ℃。

生长特性:花期长,性喜冷凉至温暖,忌高温多湿,夏季生育转劣。

景观用途:盆栽、花台、花坛大面积成簇栽培,五彩缤纷之景观颇为悦目,密集栽植也具有地被效果。

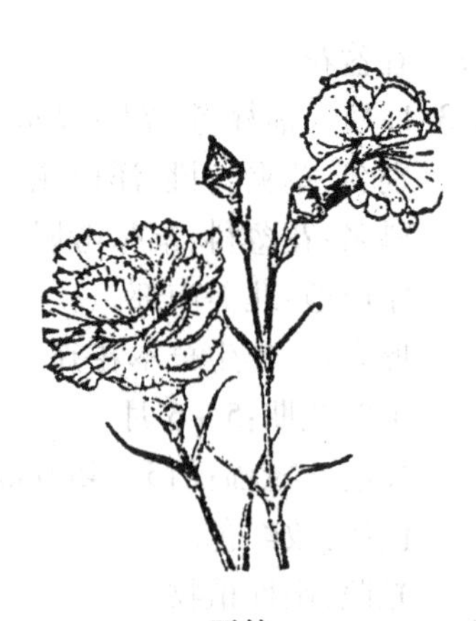
石竹

6.3.1.18　紫茉莉 *Mirabilis jalapa* L.

科名:紫茉莉科,紫茉莉属。

原产地:美洲热带。

形态:一年生草本花卉。

主要花期:8月~10月中下旬。

高度×冠幅:(50~80)cm×(30~40)cm。

色泽:主要为紫红色,变种有樱红、黄、白,也有条纹或斑点的复杂色。

光照:阳性植物,不需强光。

生育适温:20~28 ℃。

生长特性:不耐寒,性喜肥沃轻松的土壤和稍有荫蔽的地方。

紫茉莉

景观用途:花境的好材料,也可直播于树坛及其他隙地,能年年自播开花。

6.3.1.19　麦秆菊 *Helichrysum bracteatum* Andr.

科名:菊科,腊菊属。

原产地:澳洲。

形态:一年生草本花卉。

主要花期:8月~10月中下旬。

高度×冠幅:(75~120)cm×(20~25)cm。

色泽:黄色花盘,淡红色或黄色的花心。

光照:阳性植物。

生育适温:20~38 ℃。

生长特性:不耐寒,耐酷热,盛夏时生长停止,开花

麦秆菊

少,喜向阳,适度湿润而排水良好的疏松肥沃土壤。

景观用途:适于切取作“干花”用于冬季室内装饰,常用于花境。

6.3.1.20 黑心菊 *Rudbeckia hirta* L.

科名:菊科,金光菊属。

原产地:北美。

形态:一、二年生草本花卉。

主要花期:6 月。

高度×冠幅:100 cm×(20~25)cm。

色泽:黄色的花瓣,暗棕色的花心。

光照:阳性植物。

生育适温:20~25 ℃。

生长特性:耐寒性强,耐干旱,能适应一般园土。

鸡冠花

景观用途:可作树坛,花境的材料。

6.3.1.21 鸡冠花 *Celosia cristata* L.

科名:苋科,青葙属。

原产地:亚洲热带。

形态:一年生草本花卉。

主要花期:8~10 月。

高度×冠幅:(40~90)cm×(20~25)cm。

色泽:自白经红紫色,变种有金黄和棕黄。

光照:阳性植物。

生育适温:20~30 ℃。

生长特性:不耐寒,性喜炎热而干燥的气候,喜砂质土壤,能自播。

景观用途:用于花坛、花境,并可盆栽,也可散植,配置于树坛空隙,效果很好。

黑心菊

6.3.2 宿根多年生草花

宿根花卉系指不加防寒措施或稍加防寒设施能露地越冬的多年生花卉。此类花卉皆有冬眠性,冬季地上部分的茎叶枯死,但地下的根及芽宿存越冬,翌年又生出新的茎叶。

6.3.2.1 郁金香 *Tulipa gesntriana* L.

别名:洋荷花、郁香。

科名:百合科,郁金香属。

原产地:地中海沿岸及中亚细亚、土耳其等地。

郁金香

形态:多年生草本花卉。

主要花期:3 ~5 月。

高度×冠幅:(10 ~21)cm×(15 ~20)cm。

色泽:白、粉红、紫、褐、黄、橙等。

光照:阳性植物。

生育适温:15 ~22 限℃。

生长特性:喜凉爽,空气湿润,阳光充足的环境。要求排水良好的沙质土,低湿黏重土壤生长极差,性耐寒。

景观用途:宜作花坛、花境或草坪边缘自然丛植,也可做切花。

6.3.2.2　萱草 *Hemerocallis fulva* L.

别名:黄花菜

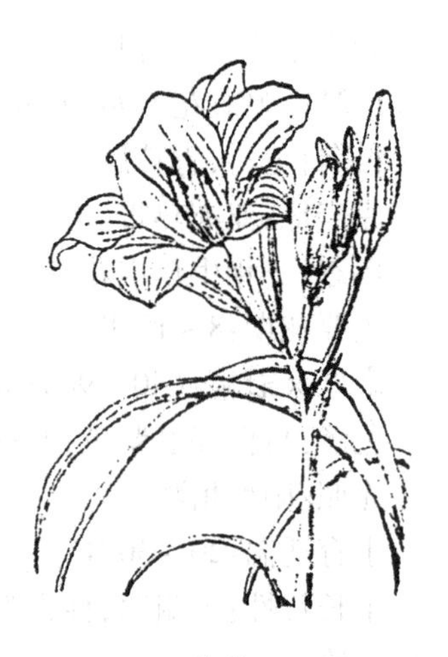
萱草

科名:百合科,萱草属。

原产地:中国南部。

形态:多年生草本花卉。

主要花期:6 ~7 月。

高度×冠幅:(30 ~60)cm×(30 ~40)cm。

色泽:橘红至橘黄色。

光照:半阴、半阳植物。

生育适温:20 ~30 ℃。

生长特性:强健而耐寒,对环境适应性较强,亦耐半阴。对土壤选择性不强,但以富含腐殖质,排水良好的湿润土壤为好。喜日光充足,但也耐半阴。

景观用途:多丛植或于花境,路旁栽植,也可做疏林地被及岩石园栽植。又可作切花用。

6.3.2.3　玉簪 *Hosta plantaginea* Aschers

别名:玉春棒、白鹤花。

科名:百合科,玉簪属。

原产地:中国及日本,欧美各国。

形态:多年生草本花卉。

主要花期:6 ~7 月。

高度×冠幅:75 cm×(30 ~40)cm。

色泽:白色。

光照:阴性植物。

生育适温:20 ~30 ℃。

生长特性:耐寒,南方露地可越冬,喜阴湿,栽于树下或建筑物北面,长势更佳。土壤以肥沃湿润,排水良好之处为宜。

景观用途:可配置于林下,做地被植物或岩石园中建筑物北面,亦有盆栽做观叶,观花的。

玉簪

6.3.2.4 铃兰 *Convallaria majalis* L.

别名:草玉铃。

科名:百合科,铃兰属。

原产地:北半球温带,在亚洲、欧洲及北美均常见。

形态:多年生草本花卉。

主要花期:4 ~5 月。

高度×冠幅:30 cm×(20 ~25)cm。

色泽:乳白、粉红等色。

光照:半阴性植物。

生育适温:15 ~20 ℃。

生长特性:性喜半阴,湿润环境,好凉爽,忌炎热。要求富含腐殖质壤土及砂质壤土,耐严寒。

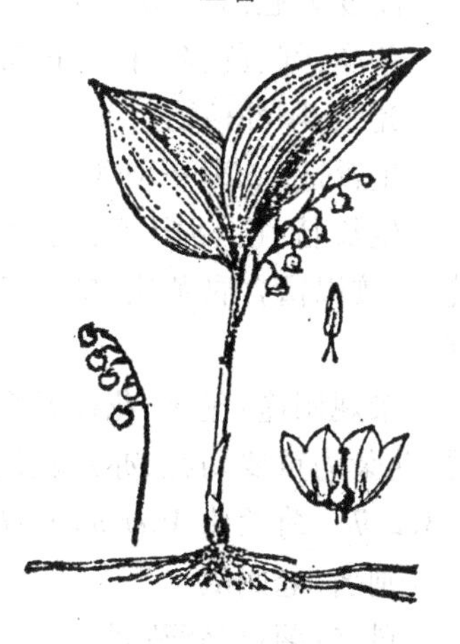

铃兰

景观用途:作林下地被花卉,或植于林缘,草坪坡地、还可盆栽和切花用。

6.3.2.5 百合类 *Lilium* spp.

科名:百合科,百合属。

原产地:中国产 30 种以上。

形态:多年生草本花卉。

主要花期:5 月下旬 -6 月中旬。

高度×冠幅:(45 ~ 100)cm×(25 ~ 35)cm。

色泽:橙红、蜡白、橙黄等色。

光照:半阴植物。

百合类

生育适温:15~25 ℃。

生长特性:百合种类繁多,绝大多数百合性喜冷凉、湿润气候和小气候,要求土壤有极丰富的腐殖质和良好的排水条件。喜微酸性土,要求半阴的环境,相当多的百合种不喜石灰质土质和碱性土。多数百合原产高山林下,故耐寒力甚强,而耐热力则较差。

6.3.2.6 大丽花 *Dahlia pinnata* Cav.

大丽花

别名:大理花、天竺牡丹、西番莲。

科名:菊科、大丽花属。

原产地:墨西哥高原地区。

形态:多年生草本花卉。

主要花期:6月下旬至9月。

高度×冠幅:(70~110)cm×(30~50)cm。

色泽:红、黄、紫、白等色彩丰富。

光照:阳性植物。

生育适温:20~30 ℃。

生长特性:喜阳光、温暖及通风良好的环境,土壤以富含腐殖质,排水良好的沙质壤土为宜。

景观用途:花坛、花径或庭前丛栽皆宜,矮生品种盆栽可用于室内及会场布置,花朵为重要切花,亦是花篮、花圈、花束的理想材料。

6.3.2.7 荷兰菊 *Aster novi-belgii* L.

荷兰菊

别名:老妈散。

科名:菊科,紫菀属。

原产地:北美。

形态:多年生草本花卉。

主要花期:夏、秋。高度×冠幅:(50~150)cm×(20~25)cm。

色泽:暗紫色或白色。

光照:阳性植物。

生育适温:20~30 ℃。

生长特性:喜日照充足及通风良好的环境对土壤选择不甚严格。但在湿润肥沃的沙质壤土生长尤好。

景观用途:花坛、花境的布置,也可用于林缘栽植或切花用。

6.3.2.8 荷包牡丹 *Dicentra spectabilis* Lem.

别名:兔儿牡丹

科名:紫堇科,荷包牡丹属。

原产地:中国北部及日本、西伯利亚。

形态:多年生草本花卉。

主要花期:4~5月。

高度×冠幅:(30~60)cm×(35~50)cm。

色泽:鲜红色、粉红色或暗红色。

光照:耐阴植物。

生育适温:18~22 ℃。

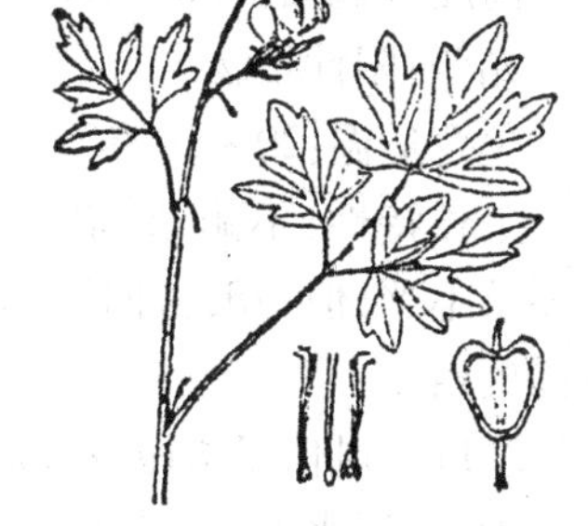

荷包牡丹

生长特性:耐寒而不耐夏季高温,喜湿润和含腐殖质之壤土。在沙土及黏土中生长不良乙花后至7月间茎叶渐黄而休眠。

景观用途:叶丛美丽,花朵玲珑,可丛植或做花境布置。因耐阴而适栽于树下做地被植物及点缀岩石园之背光处,还可盆栽或促成切花。

6.3.2.9 芍药 *Paeonia laetiflora* Pall.

别名:没骨花、犁食。

科名:毛茛科,芍药属。

原产地:中国北部,日本及西伯利亚一带。

形态:多年生宿根花卉。

主要花期:4~5月。

高度×冠幅:(60~120)cm×(40~60)cm。

色泽:玫瑰粉色、紫色、粉色。

光照:阳性植物。

生育适温:18~25 ℃。

芍药

生长特性:耐寒、夏季喜凉爽气候。栽植于阳光充足处生长旺盛,花多而大,土质以壤土及砂质壤土为宜。盐碱地及低洼地不宜栽植土壤排水必须良好。但在湿润土壤中生长最好。

景观用途:专类花坛,林缘或草坪边缘,可作自然或丛植或群植,不可作切花。

6.3.2.10 地肤 *Kochia scoparia var. trichophylla Schinz.* et Kir

别名:扫帚草、绿帚。

科名:藜科,地肤属。

原产地：亚、欧二洲。

形态：多年生草本花卉。

高度×冠幅：(50～100)cm×(40～60)cm。

光照：阳性植物。

生育适温：20～30 ℃。

生长特性：不耐寒、而耐碱土，抗干旱，对土壤要求不严，但一般喜向阳、肥沃的疏松土壤，能自播繁殖。

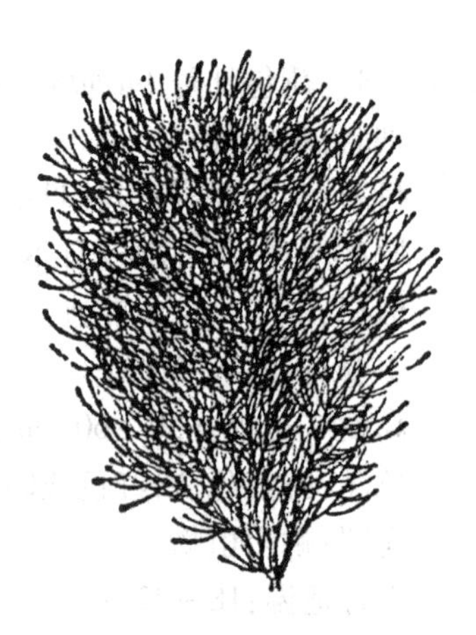

地肤

6.3.2.11 风信子 *Hyacinthus orientalis* L.

别名：洋水仙、五色水仙。

科名：百合科，风信子属。

原产地：南欧、地中海东部沿岸及小亚细亚带。

形态：多年生草本花卉。

主要花期：3～4 月。

高度×冠幅：(15～45)cm×(15～25)cm。

色泽：白、粉、黄、红、蓝及淡紫等色，深浅不一。

光照：阳性植物。

生育适温：18～25 ℃。

生长特性：喜凉爽，空气湿润、阳光充足的环境，要求排水良好的砂质土，低湿黏质土壤生长极差，性耐寒，上海地区露地越冬不需保护。

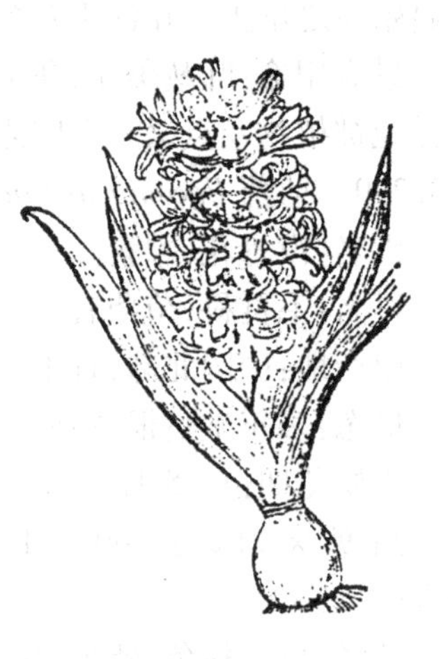

风信子

6.3.2.12 射干 *Belamcanda chinensis* Leman.

别名：扁竹、蚂螂花。

科名：鸢尾科，射干属。

原产地：中国、日本及朝鲜，我国南北各省均有分布。

形态：多年生草本花卉。

主要花期：7～8 月。

高度×冠幅：(50～100)cm×(30～40)cm。

色泽：橙色、桔黄色。

光照：阳性植物。

生育适温：20～30 ℃。

生长特性：需寒性强，喜干燥，对土壤要求不严格，以含砂质之黏质土为好，要求排水良好及日光充

射干

足之地。

在自然界多野生于山坡、田边、林缘之处,病虫害少。

景观用途:作林缘或隙地丛植和作花境配置,也是切花之材料。

6.3.2.13　唐菖蒲 *Gladiolus hybridus* Hort.

唐菖蒲

科名:鸢尾科,唐菖蒲属。

原产地:南非好望角省。

形态:多年生草本。

主要花期:夏季。

高度×冠幅:茎粗壮直立,(100～150)cm×(25～35)cm。

色泽:花色彩丰富,有白、黄、红、紫及五彩各色。

光照:阳性植物。喜阳光,长日照有利于花芽分化,短日照能促进花芽的生长和提早开花。

生育适温:20～25 ℃。

生长特性:耐寒性不强,夏季喜凉爽气候,不耐过度炎热,性喜肥沃深厚的砂质壤土,不易种在黏土,低洼涝处。

景观用途:是最广泛应用的切花之一;花坛或盆栽之用。球茎入药,可治跌打肿痛、腮腺炎及痈疮,茎叶可提取维生素 C。

6.3.2.14　大花美人蕉

美人蕉

别名:莲蕉花。

科名:美人蕉科 Cannaceae。

学名:*Canna generalis* Bailey

原产地:杂交种。

形态:多年生球根花卉。

主要花期:5～10 月。

高度×冠幅:茎直立性,(70～150)cm×(30～60)cm。

色泽:品种有大花、小花、紫叶、线叶等,紫叶、线叶美人蕉花叶俱美,花色有红、黄、橙黄、橙红、乳黄或复色等。

光照:阳性植物,需强光。

生育适温:24～32 ℃。

生长特性:性强健,喜适润之地,花期长达数月。冬季呈休眠状态,茎叶黄化,早春宜将地上部剪除,促其茎叶再生。

景观用途：大型花台、花坛丛植、群植美化，在夏季里盛开，极为璀璨，颇富热带浪漫风情，冬季会休眠。

6.3.2.15 天竺葵

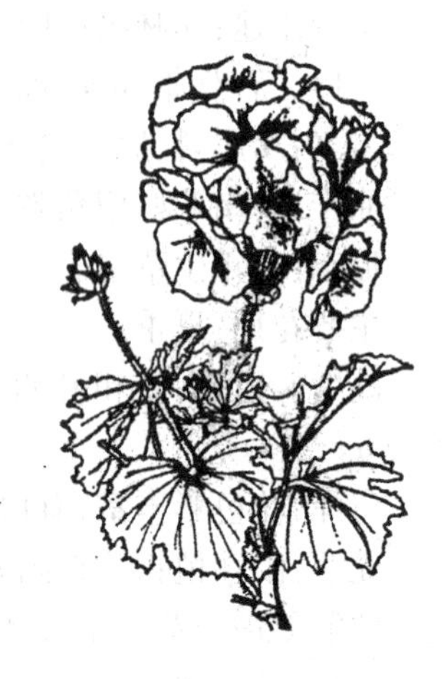

天竺葵

科名：牻牛儿苗科 Geraniaceae。

学名：*Pelargonium hortorum* Baieey

原产地：杂交种。

形态：宿根性多年生草花。

主要花期：12～翌年5月。

高度×冠幅：茎有直立性或悬垂性品种，(20～50)cm×(30～50)cm。

色泽：花色有红、桃红、橙红、玫瑰红、白或混合色，叶色有紫褐色斑纹或斑叶品种。

光照：阳性植物，70%以上之强光。

生育适温：10～25 ℃。

生长特性：性喜冷凉或温暖，夏季高温生育逐渐转劣，越夏需通风凉爽，中秋以后进入生长期。

景观用途：茎直立性品种适合盆栽、花台、花坛。悬垂性品种适合吊盆或窗台美化。

6.3.2.16 四季秋海棠

别名：四季海棠、洋秋海棠。

科名：秋海棠科 Begoniaceae

学名：*Begonia semperflorens* Link. et Otto.

原产地：巴西或杂交种。

四季秋海棠

形态：宿根性多年生草花。

主要花期：11～翌年5月。

高度×冠幅：(15～30)cm×(20～30)cm。

色泽：叶色有绿叶系或铜叶系。花色有红。粉红、橙红、白或复色。

光照：阳性植物，需强光。夏季高温期宜50%～70%光照，通风凉爽越夏。

生育适温：15～25 ℃。

生长特性：花期极长，冬至春季为生育盛期，喜爱柔和直晒的阳光，夏季高温呈半休眠状态。

景观用途：盆栽、花台、花坛、地被美化。

可观叶、观花,花品高雅,成簇栽培景观尤佳。

6.3.2.17　长春花

别名:日日春、日春花

科名:夹竹桃科 Apocynaceae

学名:*Catharanthus roseus* G. Don.

原产地:热带非洲中部。

形态:宿根性多年生草花。

主要花期:8 月至霜降。

高度×冠幅:矮性(15~25)cm×(15~29)cm,中高性(30~50)cm×(25~40)cm。

色泽:花色有白、白花红心、桃红、桃红黄心、深桃红等色。

光照:阳性植物,需强光。

生育适温:20~35 ℃。

长春花

生长特性:不择土质,性耐旱耐高温,花期长。栽植地点通风需良好,高温又潮湿易生病害。

景观用途:盆栽、花台、花坛或公路分向带美化,大面积栽植色彩鲜艳,视觉景观效果极佳。

6.3.2.18　荷花 *Nelumbo mucifera* Gaertn。

别名:莲、水芙蓉

科名:睡莲科,莲属。

原产地:中国南方。

形态:多年生水生草本花卉,无明显主根,仅在地下。

主要花期:6~9 月,茎节间生不定根。

色泽:白、淡绿、红、粉红、桃红、玫瑰红、紫红、淡黄、金黄、白底红边。

光照:长日照花卉。

生育适温:23~30 ℃。

生长特性:荷花性喜温暖多湿,但极怕水淹没荷叶,严重时会造成死亡。

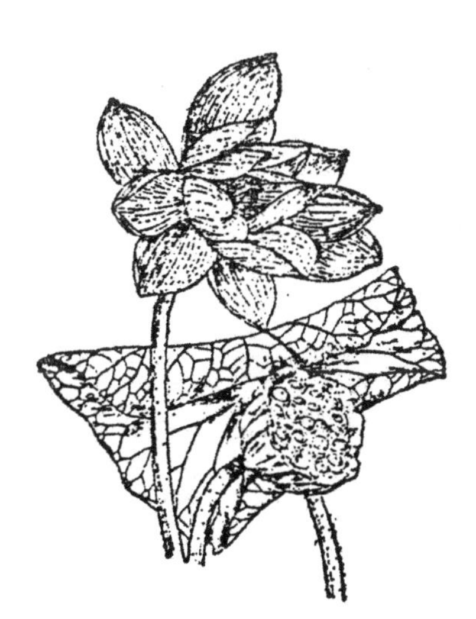

荷花

景观用途:荷花是我国名花之一,花大而艳丽,并具清香,古人常用“出污泥而不染”赞美其崇高。是园林水景中不可缺少的一种植物,或用缸栽植。

参 考 文 献

[1] 苏平等. 园林植物环境[M]. 哈尔滨:东北林业大学出版社,2005.

[2] 区伟耕等. 园林植物[M]. 乌鲁木齐:新疆科技卫生出版社,2002.

[3] 贾建中等. 城市绿地规划设计[M]. 北京:中国林业出版社,2001.

[4] 卢圣等. 植物造景[M]. 北京:气象出版社,2004.

[5] 陈俊愉等. 园林花卉[M]. 上海:上海科学技术出版社,1980.

[6] 徐大陆译. 花坛[M]. 北京:科学普及出版社,1990.

[7] 杨永胜等. 现代城市景观设计与营建技术[M]. 北京:中国城市出版社,2002.

[8] 赵世伟等. 园林植物景观设计与营建[M]. 北京:中国城市出版社,2001.

[9] 顾小玲. 景观设计艺术[M]. 南京:东南大学出版社,2004.

[10] 纪殿荣等. 中国经济树木原色图鉴[M]. 哈尔滨:东北林业大学出版社,2000.

[11] 薛聪贤. 景观植物造园应用实例[M]. 台北:台湾普绿出版社,1986.

[12] 李作文等. 东北地区观赏树木图谱[M]. 沈阳:辽宁人民出版社,1998.